U0256333

Jack Miner & the Birds

By

Jack Miner

杰克·迈纳尔与飞鸟

[加] 杰克·迈纳尔 著

倪庆饩 译

中国大百科全书出版社

图书在版编目（CIP）数据

杰克·迈纳尔与飞鸟 / （加）杰克·迈纳尔著；倪庆饩译．—北京：中国大百科全书出版社，2019.6

ISBN 978-7-5202-0513-9

Ⅰ.①杰… Ⅱ.①杰…②倪… Ⅲ.①鸟类—普及读物
Ⅳ.①Q959.7-49

中国版本图书馆CIP数据核字（2019）第109048号

出 版 人 刘国辉
策划编辑 李默耘
责任编辑 李默耘 程 园
责任印制 李宝丰
出版发行 中国大百科全书出版社
地 址 北京阜成门北大街17号
邮 编 100037
网 址 http://www.ecph.com.cn
电 话 010-88390739
印 刷 小森印刷（北京）有限公司
开 本 880毫米×1230毫米 1/32
字 数 185千字
印 张 10.125
版 次 2019年6月第1版
印 次 2019年6月第1次印刷
定 价 59.00元

让鸟儿带他去天堂

——倪庆饩先生与他的文学翻译（代序）

祝晓风

一

我从一九九一年九月认识倪庆饩先生，于今已二十九个年头，不算太长，可也不算太短。在这段时间里，我前前后后，写了长短不一的几篇文章，或是评介倪老师翻译的书，或是记述他的生平或和他有关的故事，总共大概有八篇：

一、《从柳无忌开始》，评倪译柳无忌著《中国文学新论》，发表于《博览群书》1995年第5期；二、《遥望小泉八云》，评《小泉八云散文选》，发表于《博览群书》1996年第5期；三、《译者倪庆饩》，评《高尔斯华绥散文选》《卢卡斯散文选》等，见于《羊城晚报》2002年8月1日；四、《有关柳无忌先生的书缘旧事——纪念柳无忌先生百年诞辰》，发表于《温故》第十一辑，2008年4月；五、《英国散文的伟大传统》，评戴维斯《诗人漫游记 文坛琐忆》，赫德逊的《鸟和人》，多萝西·华兹华斯的《苏格兰旅游回忆》和《格拉斯米尔日记》，发表于《读书》2012年第5期；六、《万里文缘 百年穿越——赫德逊〈鸟和人〉及倪译四种》，见于《人民政协报》2012年2月13日；七、《知识如水，智慧如光》，评赫胥黎《水滴的音乐》，发表于《光明日报》2017年3月28日；八、《倪庆饩》，发表于《随笔》2017年第5期。

其中，四和八的篇幅稍长，都有一万字。不过，这些文章，都是倪老师在世时写的。他去年过世之后，我并未写什么。最近，中国大百科全书出版社要再版倪老师的三本书，嘱我写几句。现在再写，就是第九篇了。我希望，这篇文章，能把对倪老师的思念写尽。

二

为了让不太了解倪老师的读者对他有个初步的了解，现在，我把手头儿现有的倪老师翻译的书，按出版时间列在下面。后期有不少书，其实译出的时间比出版时间要早十年或者更早。

1.《英国浪漫派诗选》，柳无忌、张镜潭编，江苏

教育出版社，1992年2月，倪庆饩译雪莱、济慈诗

2.《史蒂文生游记选》，［英］史蒂文生著，倪庆饩译，百花文艺出版社，1991年3月，17万字

3.《赫德逊散文选》，［英］威廉·亨利·赫德逊著，林荇（倪庆饩）译，百花文艺出版社，1992年7月，16万字

4.《中国文学新论》，［美］柳无忌著，倪庆饩译，中国人民大学出版社，1993年4月，20万字

5.《小泉八云散文选》，［英］小泉八云著，孟修（倪庆饩）译，百花文艺出版社，1994年1月，17万字

6.《驱驴旅行记》，［英］史蒂文生著，倪庆饩译，花山文艺出版社，1995年11月，15万字

7.《巴兰特雷公子》（小说），［英］史蒂文生著，周永启、倪庆饩译，百花文艺出版社，1995年12月，18万字

8.《普里斯特利散文选》，［英］J.B.普里斯特利著，林荇（倪庆饩）译，百花文艺出版社，1995年12月，15万字

9.《一个超级流浪汉的自述》，［英］威廉·亨利·戴维斯著，倪庆饩译，百花文艺出版社，1998年2月，18万字

10.《大海如镜》，［英］约·康拉德著，倪庆饩

译，百花文艺出版社，2000年4月，14万字

11.《高尔斯华绥散文选》，［英］高尔斯华绥著，倪庆饩译，百花文艺出版社，2002年1月，16万字

12.《卢卡斯散文选》，［英］卢卡斯著，百花文艺出版社，2002年4月，16万字

13.《鸟界探奇》，［英］威廉·亨利·赫德逊著，倪庆饩译，花城出版社，2003年4月，16万字

14.《我与飞鸟》，［加］杰克·迈纳尔著，倪庆饩译，百花文艺出版社，2006年4月，15万字

15.《爱默生日记精华》，［美］爱默生著，勃里斯·佩里编，倪庆饩译，东方出版社，2008年1月，14万字

16.《绿厦》（小说），［英］威廉·亨利·赫德逊著，倪庆饩译，东方出版社，2008年1月，18万字

17.《诗人漫游记 文坛琐忆》，［英］威廉·亨利·戴维斯著，倪庆饩译，云南人民出版社，2011年7月，14万字

18.《鸟和人》，［英］威廉·亨利·赫德逊著，倪庆饩译，云南人民出版社，2011年7月，13万字

19.《苏格兰旅游回忆》，［英］多萝西·华兹华斯著，倪庆饩译，云南人民出版社，2011年7月，15万字

20.《格拉斯米尔日记》，［英］多萝西·华兹华斯

著，倪庆饩译，花城出版社，2011年8月，17万字

21.《水滴的音乐》，［英］阿尔多斯·赫胥黎著，倪庆饩译，花城出版社，2016年5月，20万字

22.《海港集》，［英］希莱尔·贝洛克著，倪庆饩译，百花文艺出版社，2017年5月，8.7万字

23.《罗马行》，［英］希莱尔·贝洛克著，倪庆饩译，百花文艺出版社，2017年5月，12.5万字

24.《英国近现代散文选》，［英］威廉·亨利·赫德逊等著，倪庆饩译，河南大学出版社，约15万字，2019年即出

25.《少年行》，［美］华尔纳著，倪庆饩译，河南大学出版社，约15万字，2019年即出

26.《伦敦的鸟》，［英］威廉·亨利·赫德逊著，手稿，约16万字，未出版

上世纪八十年代至九十年代，散文热席卷全国。天津的百花文艺出版社领一时之风骚。当年，他们出了两套大型散文丛书，一是中国的，叫“百花散文书系”，包括古代、现代和当代。还有一个是外国的，叫“外国名家散文丛书”，两套丛书影响都很大。一九九一年时，就已推出第一辑十种，包括张守仁译的屠格涅夫，叶渭渠译的川端康成，叶廷芳译的卡夫卡，戴骢译的蒲宁，还有《聂鲁达散文选》《米什莱散文选》等，

第一辑中，《史蒂文生游记选》即为倪庆饩译。由此开始，百花每年推出十种中国散文，十种外国散文。百花主持此事的副总编谢大光，每年请倪老师翻译一本，连续若干年：第二辑《赫德逊散文选》，第三辑《小泉八云散文选》，第四辑《普里斯特利散文选》，而卢卡斯和高尔斯华绥两本，是在同一辑里一齐出版的，可见当年译者倪庆饩的热情与多产。

倪老师翻译这些作品，从选目开始，就有讲究。他不是抓着什么译什么，而是研究文学史，查找《牛津文学词典》等工具书，专找那些有定评的大作家的作品，而且是没有中译本的。所以，几十年下来，把倪译作品集中放到一起看，就会看出其独特价值：一是系统性，二是名家经典，三是填补空白，四是译文质量高。他觉得，有那么多一流作品还没有被翻译介绍到中国来，完全没必要扎堆去重复翻译那些大家熟知的作品，尽管那些作品会更卖钱。倪老师曾对我不止一次说过，与其自己创作二流甚至三流的所谓作品，不如把世界一流的作品翻译过来，更有意义。如果没有倪庆饩的译介，这些英美一流作家的散文经典，一般中国读者很有可能至今都不会读到。

倪老师已经翻译的作品，以英美散文为主，其中，又以英国散文最为集中。这个“美”，不仅指美国，也指北美，也就包括加拿大。这其中，又有四本关于鸟类的书，自然引人注目。译者大概是真正体会到了赫德逊、迈纳尔对鸟类的那种感情。在大自然中，大多数鸟对人是无害的，其中许多还是有益的。又因为大多数鸟都很美，有观赏性，而且能飞，就比草木更多了几分灵动，与走兽比，则更多了轻盈与超凡脱俗的气质。鸟，不论在东方还是西方，自古就寄托了人类飞翔的梦想。大雁、夜鹰、红雀、银鸥，它们是串联草木、湖泊和天空的朋友，是森林的精灵，也是天空中飞翔的天使。倪老师早年在给我的一封信中说，他所有的译作都贯彻一个宗旨，“即追求自然与人的精神的sublime”。这sublime，是崇高，是超凡，是升华，是向上的飞升。显然，没有什么比美丽的鸟儿更能寄托这种追求了。

《我与飞鸟》的作者迈纳尔（1865—1944）是加拿大的一位博物学家，也是一位严谨的科学家。作者在书中记叙了他建立金斯维尔鸟类保护区的过程，包括一些技术的细节。全书的重点是写大雁和野鸭这两种候鸟的几章，从营巢、交配、产卵、孵化、驯养，以至套环、迁徙等过程都有详细的记载。译者认为，这不但是迈纳尔创造性的经验，也是极其有价值的科学实验记录，比如现在已搞清楚的它们的迁徙路线，它们营巢与交配的方式。“他一度是以一个猎人的眼光去看大自然中的生物，对他来说，它们只是一种猎物，可供美餐，也有经济价值，但他后来渐渐认识到鸟类的可爱，使他的自然观有了根本的转变，结合宗教尊重生命的观点，从猎人转变为自然保护者，这个过程以及其间发生的故事不但对广大读者具有积极的教育意义，也读来兴趣盎然。”

而对另外两本书《鸟界探奇》《鸟和人》的作者威廉·亨利·赫德逊，译者倪庆饩是这样评论的：

> 赫德逊写的是文学的散文而不是科学的鸟类志。他写鸟当然要写鸟的形态，生活习性，如觅食、育雏、迁徙，等等，这通常是我们在鸟类学的专著和科普作品中也可以读到的。赫德逊的散文与这类自然科学性的著作不同的是，他从来不是孤立地写鸟，而首先是把鸟和它们生存的自然环境结合在一起，把我们带到许多风景优美的地方，如森林、海滨、郊野，使我们接触到许多如画的景色，因而我们看到的鸟不是博物馆中的标本而是鲜活的野生鸟类，随着他的笔触我们几乎游历了英国西南部的整个地方，如索姆塞特郡、汉普郡、威尔特郡、苏莱郡、苏塞克斯郡等，例如本书中的萨维尔纳克森林就在威尔特郡，他描写那里的古老参天的山毛榉林和在那里生息的成千上万的鸦科鸟类，在作者的笔下，使这种平时不怎么可爱的飞鸟也带上了诗情画意。这决定了赫氏散文的一个根本特点，即他往往是以审美的眼光而不仅是以科学的眼光来看鸟类世界。
>
> 同样鲜明的是，在赫德逊的笔下，鸟类不仅与它们生活的自然环境不能分割，同时也与它们生活的人文环境不能分割。他写鸟和人以至他们家庭相关的故事，许

多飞鸟生存的教堂、墓园、旧宅等建筑物和古迹，穿插着许多咏鸟的诗歌以及有关鸟的传说，使读者明显地感觉鸟和人的密切关系。

批评家爱德华·加尔奈特指出：赫氏作品令人神往的地方是他从不把大自然的生命跟人的生活截然分开。读者如果阅读了《鸟和人》或赫德逊的其他作品，都会深深体会到这一点。从这两个方面看，赫德逊的散文本质上可以说是游记，《鸟和人》也是如此，只是这是一种融合了科普、博物学的游记，或者说是有着深深的人文情怀的博物学美文。《鸟界探奇》还讲了许多鸟和人的故事，赫德逊说："对待飞鸟一定要顺从他们的天性，鸟也像人一样，自由超过一切。"译者则从中读出，这些故事使赫氏的书超越了科普读物的局限，具有鲜明的人文意义。

一九〇一年，《鸟和人》出版。一九三五年，中国著名作家李广田在他的《画廊集》中，专文写到赫德逊和他的这本书（《何德森及其著书》）。——他们那一代作家，与世界文学声气相通。《画廊集》一九三六年三月在商务印书馆初版，属文学研究会创作丛书之一。又过了六十年，到上世纪九十年代中期，倪庆饩教授根据一九一五年第二版译出《鸟和人》。因为机缘巧合，出版《李广田全集》的云南人民出版社，想找合适的译者来翻译此书。他们通过李广田的女儿，问到我。这当然是个惊喜。《鸟和人》，还有《苏格兰旅游回忆》和《诗人漫游记 文坛琐忆》，那厚厚的几大摞手写的稿子，一直被裹在几个大文件袋中，寂寞地躺在译者的书桌里，这次终于等来了知音。二〇一一年，《鸟和人》中文版出版。经过几代人，跨越万里，穿越百年，这部散文经典化身汉语在东方世界出版，赫德逊洒脱的文笔，博大的情怀，通过优美的汉语译笔呈现了出来。这当然令人感慨。这既是中国读者之幸，可以说也是赫德逊之幸和英国文学之幸。

三

如果从一九四七年倪庆饩翻译发表希曼斯夫人的诗《春之呼声》算起，他的翻译生涯长达七十年。那时的倪庆饩还是上海圣约翰大学的一名学生。倪老师多年后能翻译英美那些大作家的作品，而且，对这个事情常年保持热情，与他当年在圣约翰大学所受教育关系很大。在圣约翰的那几年，倪庆饩接受了最好的英语教育，特别是古典英语熏陶多年。他直接听得是王文显、司徒月兰等人的课。除了语言学习，在英语系，他上得最多的是文学课，课程按专题设立，如莎士比亚专题课、英诗专题课、小说专题课等，这使倪庆饩系统、深入地了解了英语语言文学史上的重要作家、作品。倪老师曾说过，“司徒月兰教过我的英语基础课，她的英语发音挺好听的，讲得地道而流利。王文显教的是莎士比亚专题课，他讲课不苟言笑，却有一种温文尔雅。而英诗、小说这些专题都是外籍教师教，他们的英语素养就不用说了，真是原汁原味”。

倪老师的外语修养，不限于英语。他曾对我讲，俄语、德语，他也能读，日语，他也粗通，因为他上小学中学的时候，就被迫学了日语。这些，都为他日后的翻译提供了条件。一些原著中涉及的俄语、日语方面的问题，他都能直接解决。

一九四九年大学毕业后，倪庆饩曾在北京待过一段，在某对外文化交流部门短暂任职。后因患肺病而被迫离职回湖南老家养病。一九五三年，他到湖南师范学院任教，开始是在中文系教外国文学。十余年的教学与研究，让他“打通”了欧洲文学史的“脉络”，这对文学翻译工作来说是极为重要的。他当时在教学之余，也偶尔搞一些翻译，但他自称都是“零碎不成规模”。再后来，“文革”浩劫袭来，他在中文系教的外国文学课被批判为“公然宣扬资产阶级人道主义”。

于是，温文尔雅，还喜欢在课堂上高谈阔论人道主义，而不知“阶级斗争”为何物的倪庆饩，只得转到英文系教语法了。起初，中文系的学生还追着他将大字报贴到外文系，但毕竟，那些枯燥的“主语、谓语、宾语、动词、名词……”逐渐为他筑起了临时“避风港”。“文革”的遭遇，让倪老师多年后一直心有余悸，他因此得了一个教训：就算只是安守本分搞文学研究和翻译，也保不准哪天会被扣上莫名其妙的“帽子”。此后，他的为学处世变得更加低调，他时常暗暗告诫自己“不要出风头”。

上世纪七十年代末期，倪老师调到南开大学外文系任教。八十年代以后，开始了他大规模系统的翻译。

他的翻译，完全手工。第一遍用铅笔或蓝色圆珠笔初译，写出草稿，会写得较乱，改得密密麻麻；然后誊清，对着原书，用红笔再修改一遍；然后再用钢笔誊清。如是，至少三遍。最后一遍字会比较工整，因为是要出手的东西了。一部十几万字的书，相当于他要至少抄写四五十万字。这几十摞文稿，总计近四百万字，都是他一笔一画，一字一句，一遍一遍地写，誊，精心打磨出来的。

正常状态下，第一遍初译，倪老师平均每天能译两三千字。如果身体状态好，其他各方面又没有什么牵扯，原作又不是很难，那么，一部十五万字的书，两个月左右可以完成初稿。但多年以来，大多数时候，一部书的翻译时间要更长一些。

不过，作为译者，碰到赫德逊《鸟界探奇》这样的书，仍然意味着一种挑战。这些关于鸟的散文、游记，内容广涉自然，博物学、动物植物方面的专业名词，对译者也是陌生的领域。他一个老人，就跑图书馆，一个词一个词地查词典，找各种工具书来解决。这些，都需要大量的时间。

他愿意花这么大的力气来译这些书，当年在我看来，实在有点儿不太理解，因为书的内容与我们实在有点儿远，与我们的实际生活搭不上边儿，又不被我们以前的知识教育所关注，于我们的世俗谋生更是一点儿用处没有。而这其中，又数赫德逊写鸟的书，更让我觉得没用——想想，自己是多么的庸俗和目光短浅。但倪老师特别有热情。这主要是因为，他真的是喜欢赫德逊的散文，喜欢赫德逊这些关于鸟的描述和审美。这应该是与他内心的某些方面十分契合。他在赫德逊的文字中，在迈纳尔的文字中，在他们对鸟儿的生活的描述中，找到了一种不同于凡世的别样的生活。那也许是他向往的。他一辈子在尘世中躲避，挣扎，沉默，小心翼翼，守着自己的一份善良与职业尊严。而在这些作品中，他能找到自由与美，在那漫长的翻译工作中，他能感到自如与自信，在这种自如与自信中，他感到了力量。那些年，他曾不止一次，当面和我说起他翻译这些书的不易，要查各种工具书，为了一个名词，都要花费很多时间。但同时，我又能在他的诉苦中，感到他的一种满足。他是在自讨苦吃，但是，他在这苦中找到了只有他一个人享受的甜。他最开心的时候，就是他拿到新出版的书的那天。他在这辛勤的工作中，得到了莫大的乐趣。

倪老师倾注到译作中的心血和功力，完全地体现在译文、注释和译后记中。注释，体现了译者的水平和认真。译作中，对原著涉及的外国人名、地名、事件，西方文化的背景等都做了注解，对理解译文有相当帮助，注所当注，精到、简洁、要言不繁。他所写的序言或译后记，本身就是一篇篇文艺随笔，信息丰富，评论作家作品简洁、中肯、有见地。读者可以从赫德逊《鸟和人》《鸟界探奇》和迈纳尔《我与飞鸟》的译后记中，印证我的观点。

虽然倪老师所翻译的，都是自己所喜爱的作家的作品，但他并非对其一味赞美，对其得失，他有自己的独到见解。比如，他对卢卡斯的看法是："他写得太多，有时近于滥，文字推敲不够，算不得文体家，但是当他写得最好的时候，在英国现代散文史上占有一席地位是毫无疑问的。"而对于自己十分推崇的小泉八云（原名拉甫卡迪沃·赫恩），译者认为："我并没有得出结论说赫恩的作品都是精华，他的作品往往不平衡，即使一篇之中也存在这种情况，由于他标榜搜奇猎异，因此走向极端，谈狐说鬼，信以为真，这样我就根据我自己的看法有所取舍。"他对作家的评价，都是从整个文学史着眼，把每个作家定位，三言两语，评价精当。比如他认为，史蒂文生"作为一个苏格兰人，他把英格兰与苏格兰关系上的许多重大历史事件作为他的历史小说的背景，在这方面，他的贡献堪与司各特相提并论。奠定他在英国文学史上的地位的，还有他的散文。他是英国散文的随笔大师之一，英国文学的研究者公认他是英国文学最杰出的文体家之一"。他为每部作品写的译后记，都是一篇精辟的文学评论，概括全面，持论中正，揭示这个作家的最有价值的精华；语言简洁、优美。译者倪庆饩，不止是不为流俗所动的了不起的翻译家，还是一位有见识的文学史家。下面这段话，不仅为多萝西·华兹华斯在文学史上标出了一个位置，我以为还可以作为英国散文史的一个高度概括，很有参考价值：

> 在英国文学史上散文的发展，相对来说，较诗歌、戏剧、小说滞后。如果英国的散文以16世纪培根的哲理随笔在文学史上初露异彩，从而构成第一个里程碑；那么18世纪艾迪生与斯蒂尔的世态人情的幽默讽刺小品使散文的题材风格一变，成为第二个里程碑；至19世纪初多萝西·华兹华斯的自然风景散文风格又一变，开浪漫主义散文的先河；随后至19世纪中叶，兰姆的幽默抒情小品，赫兹利特的杂文，德·昆西的抒情散文分别自成一家；此后大师迭出，加莱尔·安诺德、罗斯金等向社会与文化批评方面发展，最后史蒂文生以游记为高峰，结束散文的浪漫主义运动阶段，是为第三个里程碑；至此，散文取得与诗歌、戏剧、小说同等的地位。（倪庆饩《格拉斯米尔日记》译者序）

尽管倪老师在英国散文方面下的力气最大，但他的视野并不止于散文。他还译过小说，比如史蒂文生的《巴兰特雷公子》。这个史蒂文生，就是写过《金银岛》《诱拐》《化身博士》的那个史蒂文生。译者好像特别喜欢这个作家，翻译、出版了他的三本书。倪老师特别欣赏的作家，还有一个，就是赫德逊了。他前前后后翻译了赫氏的三本散文，除了已经出版的《鸟和人》《鸟界探奇》，还有一本《伦敦的鸟》，译出已有十几年，至今尚未出版，原稿还一直在我手里。这几部书，都是赫氏关于鸟的散文集中最著名、最有代表性的。他也翻译赫德逊的长篇小说《绿厦》。根据同名小说改编的电影由大明星奥黛丽·赫本主演，得过奥斯卡奖。他也译过理论著作，柳无忌《中国文学新论》。虽以英国散文为主，但也旁及北美，如爱默生、杰克·迈纳尔、华尔纳等。他还写过一些论文，如《哈代威塞克斯小说集的悲剧性质》《王尔德·〈莎乐美〉·唯美主义》，还有研究翻译史的论文。

他还译过一些英诗，如彭斯、雪莱、济慈、丁尼生的诗。柳无忌、张镜潭编的《英国浪漫派诗选》，压卷大轴，是大诗人济慈的长篇名作《圣安妮节的前夜》，译者也是倪庆饩。

> 她一边翩翩起舞，眼睛却茫然无神，
> 呼吸急促，嘴唇流露出内心的焦急
> 那神圣的时辰迫在眉睫，在铃鼓声中，
> 在喜怒无常、低语的人群里她叹息
> 在爱慕、挑衅、妒忌和鄙夷的目光下，
> 为那飘缈的奇想所迷；除开圣安妮

和她未曾修剪过的羔羊[1]，以及朝霞
出现前难以言传的幸福又如此神秘，
在她看来，今宵其他的一切都毫无意义。

因而她打算随时退场，还在夷犹不定。
同时，年轻的波斐罗，驰马飞越荒原，
已经到来，他内心为玛德玲燃烧。
贴紧扶壁，避开月光，此刻正站在大门边，
恳求所有的圣徒来保佑他能见到玛德玲，
哪怕一会儿，他也可以向她定睛注视，
顶礼膜拜，这一切都在暗中进行，
没有人会看见；也许还能促膝倾诉相思，
触摸，亲吻——其实这些事古已有之。

四

倪老师在我读研究生一年级时，教我们英语精读。那是上世纪九十年代的第一个年头。秋天，学校开学。那天，我们见到一位老者，步履缓慢，走进教室，走上讲台。他的身材中等偏矮，穿着朴素，大概就是“的卡”布的中山装；头发花白；

---

① 在圣安妮节，按规矩应将两头羔羊呈献给圣安妮以备剪羊之用，剪下的羊毛由修女们织成披肩，再由教皇赐予各大主教。——倪庆饩注

他走路慢，右腿往前迈时，会先有轻微的一顿，好像句子中不小心多了一个逗号。那步履的节奏，多少年都是那样，慢慢的，一步一顿。

开始那阵子，我只是觉得这位老师讲课有点儿特别。他说话轻声慢语，带着一点儿南方口音。特别的是，一个“公外”（公共外语教学部）的老师教公共英语，却在课上不时地提起王国维、陈寅恪。他似乎对手上的课本并不十分在意，教这些东西，在他眼里好像只是小技，并非学习英文的大道与鹄的；而且，他经常眉头微皱，在那种些许的漫不经心之中，他的眼神和眉宇之中仿佛还有一丝忧愁与伤感。当年的研究生教室里总好像空空荡荡。老师的讲课，我有一阵子都不怎么听得进去，在课堂上经常心猿意马，只盼着何时下课，和当时大多数年轻人一样，想着人生前途之类的大事。

倪老师送我的第一本书，是《英国浪漫派诗选》，时间是一九九二年十二月八日。扉页上他写的是：

“给晓风

友情的纪念”

偶尔也会写：“晓风同学存念”，或者：“晓风君存念”，但“友情的纪念”写得最多。落款，有时是他的名讳，有时则是“译者”——这些题签，当时就让我感到与众不同。

倪老师说过好几次，说我跟他认识这么多年，却没有跟他翻译什么东西，遗憾。这于我当然是非常大的损失和遗憾，更是令我非常惭愧。但我也并非没有收获。比如，因为倪译柳无忌《中国文学新论》的缘故，我不但有幸认识了人民大学出版社的秦桂英，还认识了她的先生章安琪，他们夫妇也都是南开出身。章先生是研究缪灵珠的专家，当年当过人大中文系系主任。也因为倪老师，我认识了柳无忌，甚至采访了柳先生。朱维之先生是当代中国研究希伯来文学的开创者，也是八九十年代全国高校最通用的《外国文学史》教材的主编。朱维之先生当过中文系系主任。但我认识他，却是通过倪老师的介绍。和百花结缘，也有倪老师的功劳，我通过倪老师认识了百花出版社的谢大光先生、张爱乡，等等。还有，我也是在倪老师家里，第一次用真正的英文打字机练习打字。还有，更重要的是，他给我打开了英美文学的一扇大门。

我为倪老师，当然多少也做了一点事情，于我来说，值得骄傲。当年，一九九三年春天，我到北图，替倪老师把《普里斯特利散文集》借出来，花了一个下午，翻阅、选目，然后复印。出版方面，赖出版社的诸多朋友鼎力相助，东方出版社出版的《绿厦》《爱默生日记精华》，云南的三本书，花城的《格拉斯米尔日记》《水滴的音乐》，还有河南大学的两本书，加上这次由中国大百科全书出版社再版的三本书，总共十二本，是我帮着联系的。——这里，我要替倪老师谢谢这些朋友，感谢你们为倪老师做的一切。——我拿到译稿原稿，第一件事，就是到街上找最近的复印店，先把稿子复制一份再说，有时为了需要，要多联系一家出版社，就复制两份儿。总之，给出版社的尽量都是复印件，以确保手稿安全。因为稿子都是手写稿，复印起来比较慢，往往要等两个小时，或者更长时间。另外，倪老师的几篇译后记，也是经我手，在《中华读书报》发表的。

但这些，终究抵不消我心里的愧疚。特别是看到他给我的这些信，翻看他送我的这些书。

倪老师给我的完整的信，现存三十七封。所谓“完整”，就是有信封。还有几页复印的材料，及两三页信，信封找不到了。这样算来，总共有四十多封吧。

晓风：

寄来的报纸与贺年片均收到，谢谢。韩素云的报道虽为配合宣传而写，但能登在头版头条也是成功之作。希望能为文化问题写点专题，这可能是你内行，如学者的生活，前看电视，季羡林先生晚年屡遭家庭变故（夫人与女儿均去世，家里较凌乱），如能写几篇报道，引起有关方面重视，这也是解决知识分子生活的一个侧面，另外稿酬过低问题，盗版问题，这都是热门。记者也是要有专长和专家的，你要去搞工业和农业就费力。

不久前收到花山出版社编辑张国岚的来函，他们想编一套外国游记丛书，对史蒂文生游记加以青睐，想重印，但此事征得百花同意，否则也会引起后遗症。张国岚的信寄到西南村，我想可能会是你联系的。谢大光来我家要稿，赫胥黎文选已被拿走，他问起你，向你致意。我所译史蒂文生小说：《巴兰特雷庄园的公子》（Master of Ballantrae）是他的名著，压在百花已十年。如有便请你介绍中国青年出版社，该社在南大约稿，我不知消息，他们在外文系组了八部小说稿。信息不灵，落后一步。有其他机会亦可，但必须较高层次的出版社。

今年我有两部书发排，Davies: Autobiography of a Super-Tramp，与J.B.Priestley: Selected Prose。但现今稿费太低，且又通货膨胀，实在不利于我们这些搞学术的文人。

你春节可能回家，请代向令尊令堂致意问好。

祝工作顺利

倪庆饩

95，1，24

他在信中所谈，大多都像这样，离不开翻译和文学。他不止一次和我说，也在信中说过，中国现代散文与英国小品文的关系，特别认为林语堂和《论语》派受英国散文的影响，认为这是一个值得研究的大题目，鼓励我来做。——可惜我限于主客观条件，一直未能如他愿，让他颇为失望。与翻译有关，还有就是他的译著的出版的事情，与出版社的联系，等等。他多次抱怨书稿在出版社一压几年，甚至十几年出不了，出了之后，稿费低不说，而且往往一拖又是一年两年。——当然，他也说他理解出版社的难处，现在出纯文学的书，大多没有销路。——有好几封信中，也都谈到赫德逊《鸟和人》《伦敦的鸟》。

有的时候，他因为头一天打电话我没接，第二天他就写来一封信。——这就是让我现在想来心里就不安、难过的一件事。岂止是现在，就是当时，我心里就满怀愧疚。倪老师打来电话，有的时候固然是我当时不方便接，比如正在开会，或者正在开车；但也有的时候，是我心里发狠，故意不接。我不接，当然也有我的理由。倪老师在电话里，他说的内容，也都是出版书稿的事，其实大多都已经和他说清楚了。他和我一说，就停不下来，半小时，一小时地说——而我又不能很生硬地打断他。即使如此，有时因为我手头儿确实有事情，又只好生硬地打断他。特别是大约二〇〇六年以后，他打电话，更不能控制。——后来，我静下心来想，明白这是因为老人寂寞，想让我陪他说说话而已。而我呢，在心里确实是有点儿不耐烦。同样，我回天津，回南开也比较多，大概回去三次，中间才去看他一次，而且，往往都是临去之前半小时打电话——因为知道他反正都在家，所以就先到其他地方办更重要的事，有了空当儿，才联系他。——我这点儿小心眼儿，他当然根本不知道，也就无从介意，只要我来了，他都高兴得不得了，拉着我说个没完。——想想，其实我可以多陪他聊几次天的。

还有一些琐事，点点滴滴，难以尽述。他经常批评我的，就是我没有一个研究的主攻方向，他总希望我能多写一些专业研究的文章。二〇一〇年，中国社会科学杂志社安排我和几位同事十月底去欧洲访问，先到英国，到伦敦政治经济学院和牛津大学。九月初，我去看倪老师，和他说起来要去英国，他非常高兴，一脸羡慕，说他一辈子翻译英国散文，却没有出过国，更没有去过英国，真是遗憾。让我去了，替他好好看看，回来跟他讲。

倪老师爱书如命，有时也天真得像个小孩儿。他愿意借书给我看，但总是记得哪本书，过一段时间会问我看了没有，看过了就要还他。有一次，我还书时，他对我说，还有一本书没有还。我说还了呀！他一听急了，说没有，他接着说："你是不是看着那本书好，想不还我了？不行，我跟你去你宿舍去找。"于是，他"押"着我，都骑着自行车，一起从西南村他家，径直赶到我们十七楼研究生宿舍，一起和我爬五层楼，到得我宿舍，居然就从我的书柜里把那本书找了出来。——他那份儿得意劲儿，甭提了，一脸高兴，拿着他的宝贝书，得胜还朝了。

多年以后，我回西南村看他，他把托人从加拿大买的两本英文原版书，赫德逊的Birds and Man和 Birds in London送给了我，这就是《鸟和人》和《伦敦的鸟》。

五

去年，也就是二〇一八年五月九日，我最后一次在天津总医院见到倪老师。他躺在病床上，已经不大认得我了。这次我是陪中国大百科全书出版社的两位同志，专程到天津见倪老师，为这几本书的出版签合同。是他女婿代签的，倪老师已经无法和人正常交谈了。但是说到赫德逊的《鸟和人》《鸟界探奇》，他眼里还是有了光，有点儿兴奋。听说再版的书会配插图，他更高兴，呢喃着说，赫德逊的这两本书都是名著，一定把图配好。

我们回到北京后，不到一个月，六月二日，倪老师就走了。又过了一个月，《中华读书报》发了条消息：

> 著名翻译家倪庆饩逝世
>
> 本报讯　著名翻译家、南开大学教授倪庆饩，日前在天津病逝，享年90岁。倪庆饩，1928年出生，湖南长沙人，笔名“孟修”“林荇”。1949年毕业于上海圣约翰大学。1947年开始发表翻译作品，有希曼斯夫人的诗

《春之呼声》、契诃夫的小说《宝宝》等。毕业后曾在北京某对外文化交流部门工作，后任教于湖南师范学院中文系、外文系，上世纪70年代末调入南开大学公共外语教学部。擅长英美散文翻译，出版译著近30部，在中国翻译史和英美文学研究方面颇有建树，发表论文多篇。

倪老师没有什么嗜好，烟酒一概不沾，也不爱喝茶；棋牌也不摸，他觉得那些都很无聊。他工作是翻译，爱好也是翻译；休息就是看书，看林语堂、钱钟书；他喜欢穆旦，推崇傅雷、冯至。他的运动就是一步一顿地去图书馆。可是后来老了，图书馆也去不了了。

几年前，我去看他，那时他的头脑还比较清醒，也显然还有正常的思考能力。聊天中，自然又说到他不久前在花城出版的《格拉斯米尔日记》，我很为他高兴。不料，他却突然冒出一句："我不想再翻译了。这些都没有什么意义。"

是啊，与生命本身相比，我们所做的这些文字工作，究竟有什么意义呢?

倪老师一生也没有发达过，晚年则更加潦倒。因为醉心于翻译，他在世俗的名利方面几乎无所得。晚近几年，家里又连遭变故，对他更是沉重打击。在南开园中，他就是一名普通的英文教师，几乎没有人知道有这么一个大翻译家是自己的邻居。二〇一五年春节之后，大学里假期尚未结束，我专程去南开一趟，找到校党委副书记刘景泉。我把有关倪老师的一些材料带给他看，说，南开应该认真宣传一下倪老师，他堪称是中国翻译界的劳模，也是我们南开的门面。刘书记真不错，很快找了校报落实。这年五月十五日《南开大学报》就登出一篇长篇报道，韦承金先生写的《译坛"隐者"的默默耕耘》——谢谢刘先生和韦先生。

倪老师的翻译，其实与别人无关，我甚至认为，与什么文学理想、翻译理想也没有多大关系。他就是喜欢翻译，喜欢文学，喜欢优美的文字，向往辽阔清静的大自然，喜欢清新自然，喜欢趣味高雅的精神生活。他是为自己翻译，翻译了一辈子。他以翻译，表达了自我，显现了自我的内心，也成就了自我。

从这个角度说，后人对他的赞誉也好，不认同也罢，都与他无关。但是，这些作品，毕竟留在了这世上，以汉语的形式，在东方世界里传播，这是已经发生的事实。这个事实，将会对一些人的思想，发生一些作用。包括对纯正英语的欣赏，对文学经典的品位的认识，对那些作家优雅写作的传达，还有，告诉我们，世界上除了追逐名利权色，还有一种淡泊超脱的人生追求，那很可能是一种更美好、更符合人性的生活方式。而纯正、优雅和淡泊、超脱，也正是倪老师的精神品质。

二〇〇六年除夕，倪老师给我写来一封信。

晓风：

今天除夕，身边我放着Faure的“摇篮曲”CD写这封信。（Sophie Multer小提琴）

《绿厦》未能为出版社接受，深为失望，社方未必比高尔斯华绥水平高。《简·爱》也曾多次为出版商拒绝，所以这并不奇怪。上次我以为他们愿意跟爱默生的《日记精华》一同出版，附寄的两本小说介绍，是希望在《绿厦》出版后再为他们续译，结果颇出我意料，因为这两部书只是在我计划中，因我年事已高，能否有精力完成计划自己也无把握。

寄上Dorothy Wordsworth的《格拉斯米尔日记》代序，作者是勃郎蒂姊妹的先驱，是浪漫主义散文的founder，和她的哥哥在诗歌上的建树是密不可分的。她的《苏格兰旅游回忆》写得更好，对苏格兰的湖光山色的描写前无古人。附寄《格拉斯米尔日记》代序，也可发表作为宣传。

我所有的译作都贯彻一个宗旨，即追求自然与人的精神的sublime，假如能有一本选集，集中起来表现，这一点就看得清楚了。从译济慈的The Eve of St Agnes开始。你差不多我所有的译作都有，现在我寄给你一个表，把我认为的这方面的作品，提供给你作为参考。我希望你选编一本这样的书，再配上画（我有一些画册），按这个思路，大概不需要太多的时间，不过有一篇序阐述一下译文的风格最好。

你的《读书不是新闻》缺了小泉八云的那一篇（《遥望小泉八云》）是个遗憾，因为Hearn是把内容与文字结合得最完美的作家之一。

在这样一个时代，我的想法也许不合时宜，但谁说得准呢？“国学”现在又有点吃香，向“超女”叫板，也许当人们吃够了美国的快餐，还是红楼梦里的茶叶羹、香薷饮等是真正的上品。我相信并力行的是伏尔泰的名言：“你说的一切都很好，但要紧的是耕种我自己的园地。”

祝　新年快乐，新的一年内有新的成果

倪庆饩

2006，除夕

现在为了写这篇文章，翻看这些旧信，不禁茫然。这个饩字，读xì，和“戏”字同音，《辞海》上解释这个字有三个意思，一是“粮食或饲料”；二是“赠送”；三是“活的牲口”。《论语》里有：“子贡欲去告朔之饩羊。子曰：赐也！尔爱其羊，我爱其礼。”倪老师翻译了几十种名著，收获的是清贫。清贫就是上天给他的回报。老实说，我到现在也并不理解倪老师。我大概只能说，他在现实中受压，却从赫德逊、小泉八云、史蒂文生的书里找到慰藉，获得力量和满足。从这一方面说，他离开这个浊世，也未尝不是一种解脱。我们这些人，每天瞎忙，戴着漂亮而僵硬的面具，在滚滚红尘中耗费生命，却找不到生命的价值。相比之下，倪老师一生做自己热爱的文学翻译，倒是幸福的。

今年，中国大百科全书出版社将再版倪老师的三部译作。这是他最喜欢的三本书。这三本，都是关于鸟儿的书，配上了精美的插图，真的很漂亮，仿佛鸟儿张开了翅膀。——让鸟儿带他去天堂吧。

献　诗

埃德加·A.盖斯特

春天雁群归来时惊悉

　　他们的朋友已一去不返，

我不知道他们会不会

　　振翼追随他去那远方?

如同多年前一样，他们

　　寻访他的旅程何时出发?

他们会不会留在我们这里

　　还是走遍天涯去找他?

不论老幼，大雁和天鹅

　　都同样对他怀着爱心，

如果告知他们这好心人

已不在，他们会怎么行动？

听任他们飞到何方，猎人

张着网罗等待他们翱翔，

到春天归来时，他们会多么

为这位多年的老友哀伤。

原版序

埃尔·真纳

同本书作者长期亲密的交往应当是我为本书写一篇简短导言的理由。我跟杰克·迈纳尔是在一八八八年认识的。他鲜明的个性立即使我铭记不忘。我本能地为他所吸引，我们之间产生了诚挚的友谊，而且随着岁月的流逝而更为亲切。虽然他表面上缺乏那种学者式的文化修养，却无疑是温文有礼的，不久我就觉察出在他的粗豪外表下深藏不露的灵魂。

他同我一样，爱好枪和狗。我们一同在野外度过许多愉快的时光，培育起我们之间的友情。我在森林知识方面是个外行，他教我打猎和射击。在我们交往的早期，看到他枪下一只又一只飞鸟落地，我完全认可他的技术，直到一次我认为我打出特妙的一枪后回过头看他，听见他说："好枪法，医生！"只见他匆匆给他冒烟的枪筒装上一发子弹。我说：

“是你打的吗，杰克？”在他回答时他的脸上露出了歉疚：“从容一点，医生。如果你在远距离打鸟儿，你会什么也拾不着的！”我开枪开得太匆忙了，自然也就没有打中。他掌握了我的时间，不时地打下一只鸟儿，显然是跟我的枪配合，以使我产生自信。

在我作为新手的见习期，我印象最深的是他追寻一只受伤的鸟儿的决心。他会花一个小时去搜索一只受伤的鸟而不愿让它悲惨地死去，或是成为它的天敌——鹗、鹰或害兽——的牺牲品。在他寻觅伤鸟的过程中他总是重新堆好他弄乱的木头或柴枝。这不过是强烈的正直感的一种表现，对一切活的生物的种种权利充分关切，是杰克·迈纳尔性格的明显特征。[①]

许多年过去了。至今他依旧超脱于社区的教会活动和社会生活。接着苦闷产生了。这种经常使弱者难以承受的苦闷是强者表露自己的机会，在杰克的身上这点得到证明。在相对较短的时间内，死亡使他丧失了家庭圈子内的三位亲属。他，一个天性格外重感情和富于同情心的人，悲痛是难以承受的。因此有的感情必须转移，有的则要突破。他渐渐去接近志同道合的朋友，在社会活动与主日学校工作方面主动起来。他的全部美德似乎突然生气勃勃地迸发而出，潜在的天

① 读者会在本书中看到，作为自然保护者和猎人的迈纳尔是把狩猎中的捕杀与致残，捕杀害鸟害兽与伤残一般的野生动物区别对待的。

赋能力表现得活跃积极。他热心发展跟鸟类交朋友的爱好，可以说，那是从绝望中产生的。不顾许多人使他灰心的冷漠态度，更不理睬少数人含有恶意的反对，面对着经济上的重负，他坚定地埋头苦干。

最后，他好不容易取得迈纳尔园地的产权，从政府那里获得几千棵常绿树，加上对当地树木的利用，他从事的美化周围环境的工作，把一个毫无特色的两百英亩的普通农庄改造成吸引过往行人注意的地方。那里变成一个真正的鸟类和水禽的天堂。他从他的母亲那里继承了对美的热爱，把他的庄院发展成紫丁香和玫瑰的庭园。我冒昧地说，在加拿大安大略省西部[①]，确实没有任何地方像迈纳尔鸟类保护地一样季季都吸引数以千计的男女游客——包括加拿大和美国的知名人士——来参观访问。

作为一个小伙子，严格地说他跟他的母亲看法并不一致。在这个家庭传用了好几代人的一套白镴器皿中，唯一幸存的成员是一只破烂的旧调羹，那能派什么用场呢？可是他会把它改造成光滑溜圆的子弹，为维持餐桌的吸引力做出贡献。因此这只调羹一会儿跑到了坩埚里，几天之后又以香喷喷的鹿排姿态被送到餐桌上，让迈纳尔老太太去猜测她宝贵

① 杰克·迈纳尔所建立的鸟类保护区辐射整个北美，包括加拿大和美国。本书以下除特别情况外，皆尊重作者的自然叙述，不再特意标注讲述过程中的国家名称及过于具体的地区范围。——编者注

的祖传遗物变成了什么。

杰克·迈纳尔为他孜孜不倦的劳动和他对统治一切的上帝的毫不动摇的信心建立了一座永久的丰碑，它会永垂不朽。这个无师自通、娴熟森林生活知识的人有办法接待来自加拿大和美国的高等学府的广大师生，并使他们感兴趣，他不分季节地被邀请到我们的教育中心以及我们的城市和乡村讲学，这就是一个令人信服的证据。他的信息是具有世界意义的，他可以用具有强烈吸引人的叙述力量加以传达。

我读过本书的手稿。这是一本由一个非同寻常的人写的出色的书。它不自命为一部出类拔萃的文学作品，它毫无自吹自擂和夸夸其谈的毛病，在风格上常常是明快的，几乎达到了精练简洁的地步。它包含许多有价值的信息，将对我们的鸟类学著作进行难得的补充。

一般读者感兴趣的也许是简短介绍杰克·迈纳尔生活的一些小故事。由于他特有的谦逊，他不愿在自己的作品中插进任何事迹，把自己表现得如同一位英雄。可是他的生活并不缺乏悲剧经验和扣人心弦的奇遇。

他的生涯介绍，不论如何简略，倘若不提及他的哥哥特德，那对他将是不公正的。他对特德怀着最深的尊敬。他们一同玩乐——假如工作可以称为玩乐的话——一同狩猎，同睡，同住，互相照顾。少年时代他们共用一支步枪练习打雪球，把雪球抛向空中二十码高，直到他们的技术娴熟到能在五十个球里面打中四十六个。

一八九八年，两兄弟在北魁北克跟一位朋友一同打猎。特德单腿跪着向一头受伤而猛冲的公鹿射击，这时伙伴的枪支意外走火打中他的头部，他立刻殒命。假如可能，想象一下当时的情况吧。杰克原先在追赶一头麋鹿而正穿过峡谷，他听见枪声相信小伙子们已打死了什么猎物，结果只见他的朋友面如死灰向他跑来，一边拼命叫喊："我杀了特德！"虽然杰克由于震惊而目瞪口呆，还是认识到必须抑制他的感情，因为情况要求头脑清醒地判断，并且迅速采取行动，这时他的朋友正由于悲痛而茫然不知所措。他们离最近的火车站有二十五英里，必须马上得到援助——这就靠他了。一面擦干他死去的哥哥脸部的血迹，紧紧吻一下死去的哥哥苍白的脑门，因为怕在他赶回之前鲜血的气味引来潜行觅食的狼群，他用雪覆盖好遗体，留在那头庞大的公鹿十二英尺距离之内，那头鹿是他最后扣动扳机打死的，然后他出发去求援。他跑了十三英里才到达最近的居民小屋，得到一位老人和他的儿子的帮助。回到事故发生现场，把遗体放在临时组装的一个担架上，但因为找不到任何小路的痕迹，加上下了很深的雪，这使得他们除了排成单行队列，在林莽中就无法行进，因此杰克把重达二百零二磅的哥哥背起来，像背着一头死鹿，步行十三英里，同时其他三人则披荆斩棘开出一条路来，到达湖滨后，他们把特德的遗体放在一条简陋的平底船上，面对在湖上使人睁不开眼的暴风雪，杰克走了十二英里，耗时二十四小时才到达目的地。他的精神始终没有从这场可怕的紧张事故中完全恢复过来。

他有好多回救出在森林中迷途的人，使他们平安生还，确实从未失败过一次，甚至在有的情况下没有人指引他，因为所有的路都被大雪埋掉了。对这种非凡的义举他不以为是自己的荣誉，而归功于回应他的请求的神的指引。

有一次他离开营地连续四十八小时没有睡眠或休息，吃得也不多，在深及膝盖的大雪中跋涉，寻找两名走向完全相反的方向而迷路的人。他把这两个人都带回营地，在这次危险经历中他的双手都冻坏了。

另一次在北魁北克猎麋鹿，下午三点左右他听到远方求救的信号枪声。那是十一月的北方，天黑得早而突然，于是杰克开始奔跑，一刻也没停下，直到暮色苍茫，他找到一名年轻的向导，后者正守着一个摔倒在雪中站不起来的男子。这是位有钱的先生，他参加狩猎团，由于过度疲劳而起不来了。他的衣服为潮湿的雪所浸透，四肢麻木，他摔倒后手脚都动不了。杰克·迈纳尔把枪支交给向导，把这个体重达一百八十五磅的人放到肩上扛着走，在不到两小时内送到五英里外的一个伐木营地。这个狩猎团的其他成员到达后，燃起篝火，煮好咖啡，用毛毯把冻僵的人裹起来，经过长时间按摩，最终使他麻木的四肢恢复感觉。到早晨的时候，他已经能行走了。如常有的情况那样，最严重的时刻也不无幽默的火花。当一切紧迫的危险似乎已经过去，这时杰克对向导询问枪支的下落，这个年轻人极为冷静地回答：“我把枪支架在森林中悲剧发生的现场了。”除开杰克，没有别人敢于摸着黑，越过一座架在涨满水的河上的独木桥，而这桥只是一株倒下的树木。于是就只有靠他去把枪取回，而他硬是完成了这个任务。

他最快乐的时候从来莫过于研究野生动物的生活和习性，不论那是胆小的田鼠还是威严的麋鹿，喜欢合群的小雀还是避人的加拿大雁，以此奠定了他作为一位猎人和博物学家取得成就的基础。

在通过森林时他的位置与方向感跟林地居民相似。如果一个印第安人秘密地藏好他的猎物，打算以后什么时候再回来取它，他会在树皮上留下刻痕和折断树枝作为引路回去的标志。别人从未听说杰克·迈纳尔采取同样的办法来确定一头死鹿或一只河狸夹的位置。他可以整天按指南针的每个指示在一条条林中小路上走下去，夜幕降临时径直回到营地。假如第二天他想回到前一天到过的地方，他会几乎以超常的准确性径直走到目的地。

若干年前在他还没有涉足北方的森林时，他和特德曾计划要进行年度狩猎旅行。他们是埃克斯县大规模狩猎运动的先驱。杰克·迈纳尔猎获的猎物数量比安大略省的任何人猎获的数量都要多。这不假，但必须记住他从未浪费一磅肉，也从未为自己保留哪怕十分之一的肉，而是一视同仁地把肉赠予富人和穷人。他为了慈善目的组织麋鹿宴，有一次由于肉类供应不足甚至花钱去买肉。

这个少年梦想家杰克·迈纳尔，就是这样成为著名的博物学家、受到普遍欢迎的讲学者和加拿大鸟类学家杰克·迈纳尔的。

引　言

亲爱的读者，我向你保证，写作本书的原因不是为了披露我的初级教育，而是单纯应我的许多朋友请求，至少将我有趣的经历的一部分归纳成书。

多年来我简单地忽视了这样的要求，但是我愈严肃地考虑它，它就愈对我有吸引力。所以今天早晨我收拾好椅子、炉子、帐篷，启程往森林，到那里自由自在地安家，远离来往信件和车马喧哗，甚至孩子问好的声音。我躲开了他们全体，在林中搭起我的帐篷。

在我外出采集烧篝火的木柴时，我平静地打量周围，在这里一些老树墩的残余依然可见，方便我砍伐原始的林木。我曾经一度在夜晚去捕猎浣熊，在白天捕猎从鹌鹑到松鸡等不同的鸟类，苍郁的森林是它们栖息和躲避风雨的地方。在我所坐之处往东一百码，我用大斧砍伐铁路枕木时，曾经砸破我的大脚趾，那时我年仅十四岁。但大自然帮助我，把砍掉的树木补充了一些，次生林现在已有三十至五十英尺高了。

一只鹰骚扰过如今增长很快的山齿鹑，它们那为我熟悉的甜美的啼声使这个老地方响彻回音。实际上在我踏进帐篷坐下写作时，气氛似乎充满着愉快。我首先无声地念几句话作为感谢的默祷，请求上帝指导我专门受过训练的手，使你能明白我的意思。

我向读者朋友担保我将尽可能写得言简意赅。我十分感谢我的朋友们，他们建议我只要口述就行，由他们替我写，可是我坚决认为，相比于经过大量润色的书稿，大部分读者会更好地直接享受杰克·迈纳尔笨拙的手笔。

除了我可能试图开的一点小玩笑之外，其余的素材都是从我个人的经验和观察的事实中收集到的。我向你保证这些观感不是二手的，因为我是一个非常糟糕的读者，并且一生中从未通读过一本书，因而一切都是原始的材料。

——J.M.

CONTENTS ·目 录

第一章・

谁是杰克・迈纳尔?

* 读者，当你手中拿着本书，看了一下作者的姓名，然后可能翻阅过一两页后，我想你会抬起头，眼睑低垂一会儿，想：“杰克·迈纳尔是什么人？他是谁呢？”这个念头在你的脑海中反复闪现。

*

好吧，让我向你担保，这个杰克·迈纳尔既不是老比尔·迈纳尔[①]，也不是杰西·詹姆士[②]，虽然我是在森林中长大的，没有证据证明我有分开的蹄和角。但我愿承认假如你在我的一生中有许多次看到我，你会想你是从以扫[③]的栅栏外看到的。

不管怎么说，“我是什么人”这个问题我不准备答复，因为我要写的并不是我的传记，但我的家世却要用几句话交代一下。我亲爱的母亲在美国的家族是家世清白、富于自我

① 威廉（比尔）·迈纳尔（1754—1817），加拿大与美国西部知名匪徒。

② 杰西·詹姆士（1847—1882），美国家喻户晓的传奇式匪徒。

③ 以扫是《圣经·旧约》中人物，是个猎人，此处暗示作者也是个猎人。

牺牲精神、受人尊敬、敬畏上帝的人。我父亲一方则除开一个亲姊妹外没有什么亲人了，可是他说，尽管他亲属人数不多，但品德可以弥补。父亲与母亲都出生于英国英格兰莱斯特郡。至于父亲我知道他是个诚实正直的人，据他自己说，他是靠他继父的辛勤劳动所得而受到教育的。他从学校毕业后几年，才继我妈妈和她一家之后移居美国，最后在古老又美好的俄亥俄州跟他们团聚。一八六五年四月十日，我赤条条地来到世界。照我大哥所说，父亲由于他心爱的一只老黄雄猫离家失踪了两个星期，那时候情绪十分低落，放弃了一切希望。一等我呱呱坠地，他看看我的样子，抱着我出去放在哥哥的胳膊上，然后举起双手拍拍，非常高兴地说："特德，让我们叫他约翰·托马斯吧。"果然就真的叫约翰·托马斯了，我的朋友们干脆把它简化为杰克。

我们在经济上非常贫困，我在全家十个孩子中排行老二，我必须为面包车的转动助一臂之力。结果是我去学挖沟、劈柴和做栏杆。一八七八年春天，父亲决定移民，十三岁那年我在加拿大终于得到解放，这里是狩猎爱好者的乐园。我犹如公园的野兔天性喜爱森林，我知道父亲最喜欢我，他老叫我在早晨生火防冻着，别的孩子上树我常听他叫嚷："下来，别爬了，你会受伤的！你下来吧，杰克来了，他会到下面去把树砍倒。"要是我们安装围栏，父亲老是手扶楔子，而让我抡大锤。

父亲和母亲共同幸福生活了将近六十年，忍受了我们十个孩子带来的烦恼，也享受了我们带来的欢乐。父亲的一些教训言犹在耳！倘若我带着对别人的牢骚去见他，他常说："闭嘴吧，我不想听。但如果你自己有什么失败的事情要告诉我，那让我听听。"是的，他总是语言简短却很中肯。他对我们少年的一个忠告而且我总是身体力行的就是：任何时候抓住什么东西发现它烫手，赶紧把它扔掉。

但现在让我们把这些开心的事情暂时放在一边，老实认真地结束我的介绍。因为除开不可避免的悲伤之外，我的生活是一个由失败、沮丧，夹带暴风骤雨的乌云，以及完全打破这些困难的成功而组成，从而形成了一个乐趣不断的圆周。我的成功，总是超过我的预期，使太阳照耀得如此光明以致照亮了我通达生死大限之路，让我在想象中瞥见了美丽的彼岸。

第二章·
我童年的宠物们

* 对啦，我养的宠物，记得起来的头一只，是一只幼蓝樫鸟。我自然非常想要它一直活着，所以我拼命让它吃鱼虫子，直撑到嗓子眼里。第二天早晨，蓝樫鸟倒还是蓝色的，却不吭声了。

*

接下来我记得起的是父亲为了平息我和哥哥之间为了争夺我们的宠物负鼠而爆发的争端，抓住它的鼻子在旧马厩的角落里弄伤了它。

记得有一年春天，我开始饲养一对白兔，秋天到了，我把房子里的每只盒子都用来养兔子，甚至父亲的旧运货马车的车身也给翻了个身，底下是兔子乱作一团，碰到他要用车厢的时候，我的麻烦就不少。因为我知道在我的兔圈周围安设陷阱，所以我很自信我的邻居的猫还未得手。

回忆起我看到大雁和听到它们“洪克！洪克！”的声音时，那是多么美妙啊，我使劲用我的少年的眼睛看它们在远空飞翔，在它们春秋两季迁徙而经过古老而美好的俄亥俄州的时候，我常常要眺望两次才看得清它们。啊，我经常攒着拳头站立在那里，多么想成为一个大人，那样我就可以跟着它们到远方，去捕一只作为宠物。但直到我移民加拿大时，这件真正有意义的事情才实现。

我有过各种各样的猎物，种种的宠物，松鼠啦、浣熊啦、狐狸啦、乌鸦啦、渡鸦啦，我甚至还养过一窝幼鹰，直到被父亲发现才放弃。那时候一星期我们有一天不干活，我争分夺秒加以利用。虽然我可以在漫无边际的森林中漫游，可是我的雄心壮志比这还高一点。当我搜到一对爬树的钉鞋，鹰太太和乌鸦太太育幼的树不论多高我都可以上去。

我还清楚地记得我是怎么打到我第一头鹿的，我怎么撬开厨房最高的柜架去偷母亲的旧白镴调羹以铸造枪弹。那只调羹有一个好大的把，历史悠久，是世界上不知什么地方，从诺亚[1]洪水时代传到这儿来的。我敲打它，改变了它古老的形状，熔化它而冶炼成七粒小小的子弹，蒙在鼓里的母亲还在旁边看着我操作。白天雪不下了，我把七颗子弹放进用拇指扳动的旧猎枪的枪管，头一次出发去猎鹿。到正午时，我带着一头漂亮的鹿回家，要是我还有一只熔化的调羹装在枪管里，我肯定能打两头。

---

① 《圣经》传说人物，希伯来人的祖先。

第三章·

为市场打猎

由于鹌鹑和松鸡是这么多，而我们好的温暖的衣服又这么少，因此第二年秋天我和哥哥就去森林开始为市场而打猎，拿卖野味的钱去买衣服。这促使我们去琢磨猎物的特性。我很快学会了山齿鹑的鸣声。我常常一大早就去学它们啼呼。这时周边是静悄悄的，我倾听着从树林发出的回声，直等它能听到我最轻微的模仿声调而飞到我这里。在筑巢季节，我一次又一次把六七只雄鸟召唤到我所坐的地点来，看它们争吵打架。我告诉你吧，它们是好斗的小家伙。如果我回到田野，我就藏在一簇一枝黄花中，阔边软帽塞在裤子口袋里，让长发和雀斑跟周围背景混杂成一片，看着这些胖乎乎的美丽的小生物集合在一起打架，有时互相打得不可开交，飞上去足有六英尺，然后又落下来面对面互不退让，真有意思。我这么挨近它们，几乎感觉得到它们翅膀扑动的空气。可能在三四码远又有一只，在一边捡拾泥土，它可能对第四只挑战，后者正蹲在一棵树桩上仿佛正执行裁判的任务。

我觉得乡村生活是这么可爱，我本来愿意待得长一些，比用一只木筏载着侦探去寻找曾祖母的白镴调羹的时间更长。

但松鸡是一个难以招之即来的家伙。这不管怎么样，都不能妨碍我们成功。一旦我们逮住一只，我们会检查它吃的食物，看它吃的是什么，如果是嫩芽，就搞清楚是什么芽，等等。你可以放心，那个地区百分之九十的松鸡吃的是同一种食物。我们穿过树林，猎狗跟在身后，眼睛尽可能向脑袋上面瞧，很容易察觉它们，不用动脑筋。我们打中了杨树梢上的五只，十个猎人有九个从来不用仔细瞄准。要是它们吃的种子是地上捡拾的，猎狗就会跑到有种子的地方去捕捉。由于熟能生巧，我们很快就成为射击专家，身后总是留下打死的猎物的血迹。

早晨我们要步行好几英里路才开始打猎，带着沉甸甸的猎物趁早在傍晚回家。要是道路方便，我们便把猎物用箱子装好用手推车沿着旧驿车路线，送到集市去卖，每星期一两次。

至少在方圆五英里内，这些鸟似乎见到我们就害怕，既飞又呼叫，好像魔鬼在追逐它们。哥哥常和我说：“为什么它们躲避农民只不过飞越栅栏，而十分钟后我们来了，就飞一英里甚至更远来躲开我们？”

在夏天的几个月内，这些鸟比较温顺。事实上它们害怕我们并不比害怕县里别的居民更厉害。

很快我们发现为爱好运动而进行的打猎是不存在的，我们是从事牟利的商业，所以从实际经验说，为市场而打猎不是运动，它首先是谋杀，有原则的运动爱好者是不会去做的。一个成功的市场狩猎者剥夺了二十五个真正的狩猎运动爱好者愉快的消遣和远足的快乐。

我要高兴地说，我们两个少年不久就长大而不再干这种谋杀的勾当了，只是为了乐趣而打猎。我们养了两只训练有素的狗，跟这个世界能培养出来的几位优秀的先生享有许多愉快的消遣时光，回家来吃什么都有胃口，肠胃几乎能消化铁轨，在晚上九点后我们能滚作一团躲进被窝睡觉。

第二天早晨，在你睡足了之后一觉醒来，你通常会发现你的眼睛视野更宽，瞄得更准。

第四章·
我们忠实的猎狗们

我不会劝任何人去养狗，除非他确实需要，然而人类能有的最忠实的朋友却非受过训练的狗莫属。我们的两只捕鸟用的猎犬是地道的兄弟，分别由我俩照管，虽然我和哥哥总在一起，狗却知道区分我们。假如我单独去仓库，我的狗会跟着我；假如我们男孩子一同去大路散步，两只狗会追随我们走一段，除非应我们要求，它们不会走很远；假如我们脱下外衣，两只狗都会躺在自己主人的衣服上或其近旁。

我的狗名字叫塞特，它几乎没有不服从命令的时候，只有一次例外：那是它约一岁半时，哥哥和我在天亮前从家里出发，步行约八英里去猎鹿。天亮时我们已上路走了五英里，我看看四周，塞特跟着我。我立刻给它明明白白一顿骂，告诉它马上回家，但是它迟疑不决。正在那时，从一个居民的房院内传来一阵“打抱不平”的狗群的狂吠，塞特于是随着这背后的一阵汪汪声溜跑回家。就在那时，特德看了看他的表，时间是七点十五分。我们晚上回到家，我首先问：“塞特是什么时候回来的？”母亲从老花眼镜上看过来，回答说：“它七点整到的。”我知道它跑得很快，不过它怎么赢得这十五分钟始终是个谜。

有一回三个猎人来访，要一起去打猎，但我不能去，我把塞特介绍给他们，开头塞特不大愿意，因为他们有枪，它最后还是同意了。大约一小时之后，它指引他们去打一片野草地里的一大群鹌鹑。三个猎人并排向前推进，这群鸟儿在他们前面喊喳不休，砰——砰！从旷野发出六声枪响，没有打中一只。老塞特环视一下四周，感到没劲，转身径直回家了。

光阴似箭，每过十二个月我们忠实的狗就老了一岁，但它们还是依恋着我们，虽然生活已成为重负。亲爱的妈妈不想让我们难过，请来一个人把它们永远麻醉过去了。在这个人挖掘我们选好的墓地时，我们兄弟俩和雇工停下了手头的工作，做了一个箱子，把我们忠实的朋友——从未欺骗过我们的朋友——并排放在箱子里面，把它们葬在老宅一棵树的树荫下。在我们往棺材上埋土的时候，我不好意思抬头看特德，但是当我抬头看哥哥时，发现他也热泪盈眶了。

山齿鹑

· 第五章 山齿鹑

* 我从少年到成人，又成为一个小小的家、甜蜜的家的家长，我的责任感自然使我对待生活要变得稍稍严肃一些。回想少年时代，春天我爱赤足到户外去玩打弹子游戏，到了秋天我整个身心似乎只想伸展出去啜饮一口纯净的大自然的甘露。一个又一个早晨我走向工厂，在锅炉下生完火，在曙光中散一会儿步，然后在早餐前走到栅栏的一角，靠在旧栏杆上，呼吸一下新一天的纯净空气。可能听到头顶上一群小小的野鸭向南疾飞的刷刷刷的声音；也可能注意到林鸫的啼鸣，而可亲的老山鹬的扑翼声有时几乎使我畏缩。当最后的星星在白天渐渐闭上眼，十月上旬清晨的白霜在栏杆上变得清晰可见时，东边远处会出现鹌鹑轻轻的鸣声。这声音还没有消失，在下一块田地里，另一家的家长又要开始点名了。然后是南面的又一家；再又是靠近林子北面的一家；接着西边又传来这些欢畅的鸣声……直到我四面八方凛冽的空气里都响彻这些山齿鹑的啁啾。一家之长唱名，每个家庭成员应答。如果全都平安无事，谁也不会缺席。三分钟后一切安静下来，你感觉不到这里有一只鹌鹑，除非有一只鹰偶尔从它们当中一蹿而出，然后就会发生一阵惊惶的喊喊喳喳地骚动，它们全都去找掩护躲避。

*

据说过去从来没有发现什么偶像都不崇拜的部落。我不准备去加以证实，但我要这么说：在人类还没有对大自然里的各种生物进行研究，不能对它们有所控制，且不懂得结合对日月星辰运动的规律对其进行了解的时候，也就是说，在掌握这些知识之前，如果不相信有一个统治一切的神的存在，那是绝对没有什么有智慧的人能在伟大的大自然中生存的。虽然我不曾读过有关鹌鹑价值的任何文章的一个字，但这种思想却常常油然而生："为什么上帝把它们放在这里？"是的，我不时回想到当我从猎装的口袋里把鹌鹑都掏了出来之后，到厨房门口把从它们胀满的嗉囊中吐出来的杂草种子一把扔掉的情形；记起在夏天看到它们经过我藏身的地方捡拾虫子吃时的趾高气扬的神气！现在，我要骄傲地说，我在将近二十年间没有打过一只鹌鹑，我还要更为骄傲地说，我对人类有这么大的信心，今天假如有五只鹌鹑，不会有一只被打死，如果猎手首先考虑它们活着时的欢悦、美和价值的话。因为一只山齿鹑坐在高高的栅栏上高歌它美丽的曲调给人的欢乐愉快，会比装着二十五只死鹌鹑的一只血腥的猎袋更多。

如今猎鹌鹑者不得不提出来争辩的唯一问题是铁丝网已取代旧式的栏杆和杂草丛生的栅栏，破坏了它们的掩蔽物，要是猎人不射击它们，鹌鹑首先就只有搏斗而不会营巢。我在这里不是说这种人没有头脑，但是我要说他扳机射击的手指发痒地已控制了他的头脑，当我听他说出这种废话时我想起父亲的忠告：“住手！”旧栅栏总是鹌鹑寻求掩护的最糟糕的死亡陷阱，这是无可怀疑的事实。狩猎爱好者最大的野心是看见鹌鹑飞落在那里，悄悄来往觅食的家猫在那里也有极大的好处。三月到来时，那正是寻找一大批死鹌鹑的地方——冬天的几个月内鹌鹑到这里来寻求躲避风雪严寒的栖息处，它们被迫躲在栅栏下而死在那里。一切有头脑的人会承认如果鹌鹑真的需要一个有掩护的栖身处，那么这一排栅栏不过是一种不安全的漂流物。在安大略省以及俄亥俄州，对鹌鹑来说唯一的缺陷是掩护它们不受雪花飞舞之害的树林不复存在。它们在那里生活得不到什么好处，而那里的蚊蝇在冬天的严寒风雪中反而得到庇护。

由于它们数量如此之多，如果让它们自相争斗而不去保护它们繁殖，鹌鹑就不在树林筑巢和生息了。我们一八七八年来到加拿大时发现林中有二十五只，过去十年间那里一只也没有了。我在一个普通的农庄上看到过一百五十只，这一改变不是因为铁丝网代替了栏杆等，所有这些理由是没有根据的。

这里有一个不容置疑的事实。狩猎爱好者所犯的一个大错是他们把注意力完全集中于致命的武器上了，也就是如何去毁灭鹌鹑。后膛枪代替了旧式的前装枪；六发滑机连发枪取代了双筒后膛枪；快速的硝基炸药代替了缓慢的黑色火药。这样，过去三十五年中我们越走越远，据我所知，不理会我们自己的所作所为，根本不考虑日益增加的猎鸟者的后果是，年复一年之后，等我们一觉醒来，发现在这段时间我们的飞鸟减少了百分之九十以上。

是不是铁丝栅栏毁灭了野鸭？美丽的、叫声高亢的天鹅，我们的哀鸽、山鹬和草地鹨呢？这些候鸟的数量像安大略的鹌鹑一样在减少，人们把上帝所赐的智力对准错误的方向，我们要为这一切负责。

现在想象一下北美的情景吧，假如在最近三十五年期间，我们在保护鸟类增加鸟类方面给予对制造死亡的武器同样的重视的话，那无疑将产生一个令人心情畅快的区别！

大约十年前我开始认真地保护鹌鹑。我用八平方英寸大小和四英寸高的箱子做了八个喂食架。护盖约三英尺宽，离饲料差不多约一英尺。即使有一点雪花飘进去，雨和雪也碰不到。它非常轻，鸟儿可以扒出饲料而吃到。

鹌鹑不久就发现了食物，我头一次去看时又惊又喜地见到这些架子周围那么多的脚印；可是等我三四天后再去察看时，简直见不到一只鹌鹑了。一仔细调查，我才发现是鹰要了它们的命，因为鹰一直在守望等候机会，一旦鹌鹑接近食料则必死无疑。

接着我买了几只一号弹簧夹，劈了三根枝干，十五至二十英尺长，枝干柄直径四至五英寸。我用三四个小钉子把夹子钉在每根枝干柄处，以免把枝干竖好后夹子被风刮落，但钉得不太死，这样，夹子夹住鹰后它还能拉起夹子脱离枝干而飞。我在夹子的链条头上系牢一只带毛的小木底鞋，在枝干的一侧钉一个钉子，离夹子约一英尺可以挂木底鞋。靠近夹子在枝干的周围再打六至八个小U形钉，放些杂草和青草以伪装夹子，使它显得像一只老麻雀巢。然后我把枝干竖起来，枝干柄朝上，放在另一棵小树旁，以使它的枝叶可以在一英尺左右上方掩护它，然后用铁丝把枝干跟小树连接在一起。如果有鹰和鸮的脚爪被夹子夹住，没有什么结实的东西让它依靠来挣扎，它只能带着夹子和木底鞋飞下来或飞走，但不易挣脱。不仅如此，当又一只鹰飞来时，头一只鹰不会待在那里不动，而会扑腾把它吓跑而不敢接近枝干。我知道它们会反复飞落在同一根杆上，然后飞下来吃掉下面的那只，后者则正带着夹子和木底鞋挣扎扑腾。

设置这三个夹子后的头一个月我逮住十七只杀害鹌鹑的凶手，我还获得另一只鹰的脚爪，接下来的那个冬天，我抓住了这只鹰。

坦率地说，以后任何一个冬天用这三个夹子我都未能逮住十五只以上的鹰和鸮，但可以证明有猛禽来到这同一地点。

喂食架，不管怎么说，似乎都未能使我非常满意，大约又过了一年我决定试试另一个计划。我收集我能找到的所有废旧木材，把它们拉到树林内，加上另一个人的帮助，一天之内我们建成了十间小小的简陋的平房。它们的后部约一英尺高，前部约四至五英尺，地面约五至六英尺。

为了完成我的实验，我向一个邻居要了十袋杂草种子，他刚好正给红花草籽去皮。我在每间房子内撒一袋草籽，然后在草籽上面撒一层玉米、小麦和荞麦。不到一周，每间屋子都有鸟儿飞来。在一个温度为零摄氏度的寒冷的日子，我看到了多达五十只鹌鹑在这些未受专门保护的小棚屋之内叽叽喳喳地飞出。最妙的是，它们首先直接扒开粮食而吃草籽。我很快发现我大获成功，因为小棚屋给鹌鹑在需要的时候既提供了食物又提供了躲避风雨的栖息地，也在某种程度上为它们不受天敌伤害提供了保护。

但在林子里的鹌鹑还是保持了相当的野性。我捉到若干只颇为好斗的矮脚种母鸡，训练它们做好准备，只要有邻家的农民来骚扰鹌鹑孵卵的窠就进行反击。用这个办法我得到一些有趣的经验。

首先我把母鸡放在地上的一只小箱内，箱内舒服地垫有柔软的青草，我对它十分宠爱，让它从我手中取食。然后我把它的羽毛分开，让它全身撒满杀虫粉，也撒一点在巢内，这样我就有备无患，用电话告知那些骚扰过鹌鹑巢的人。

若你想从未受骚扰过的巢内拿取鸟卵，千万，千万，要等母鸟产完卵后开始孵卵前拿取，因为假如它开始孵卵后从巢中拿走八个、十个，母鸟会再筑一个巢去完成孵卵任务，因此，它用它宝贵的时间只孵出半窝小鸟。假如它已开始，有时它会放弃旧巢，歇息几天再去筑一个新巢，孵出完整的一窝。一只鹌鹑会产十五到二十二只卵，有时高达二十五只。

鹌鹑能全部孵化，而且非常突然。有一年我在十点看着一窝蛋毫无动静，十二点我再来时老鸟冲着我张嘴鸣叫，所以我再一次偷看一下，明显小鸟都破壳而出，一批纯白色的鸟卵已发生变化，仿佛一个活跃的野蜂窝。

像我们的有些家禽一样，用母鸡孵鹌鹑蛋没有什么困难，雏鸟只要啄破蛋壳就会一跃而出。

当它们即将孵化出来时，要把箱门关上，这样便把可爱的小鹌鹑关在里面出不来。等上二十至三十六小时，我们把所有的小鹌鹑都挪到一个靠近花园或后院靠近灌木丛的干燥的家禽栏舍内。舍内的面积应该有十八至二十四平方英寸，棚屋式的屋顶后部高十至十二英寸，前部十八至二十英寸，地板是木头的，母鸡既无法乱刨，也不至于卧在潮湿地上。将三块约一英尺宽、两英尺长的木板钉在一起，放在鸡舍前作为游戏场。让母鸡待在舍内它会伸出头来跟儿女说说话，它们无法离开它两英尺以外。喂它们少许蛋羹（半杯牛奶一只鸡蛋，不放糖），一天五次，每次一点点，走近它们时用勺轻敲锡盘。三四天后它们会把母鸡当作义母，你便是它们的义父。现在可抽出两个钉子（只有部分钉进木板），把三块木板稍稍挪远，让母鸡留在永久性的鸡舍内，给鹌鹑自由。

如果它们跑开去，不要去追，只轻敲锡盘，把蛋羹掉一点在母鸡前面，它会叫它们前来。

让我就在这里说，别去驱赶任何鸟儿，它可以藏身在你无法找到的地方，经验已经完全使我满意地证明，它们飞得比我们跑得要快。永远向它们投食，对它们友善，再看看结果。

大约在一周后，把母鸡在日落前放出来，因而它没有时间乱走很远，很快会回到禽舍。再大约过一周，母鸡会一直跟幼鸟一同活动。在后门喂食或任何你想要鹌鹑去的地方，你的宠物会到那里去。记住，人类才是野性难驯的而不是飞鸟。鸟儿有野性，因为它们必须如此。任何有智力的生物，它从你这里飞走或跑开是为了自我保存，它们也会向你要食物或寻求保护以躲避敌人。

至于鹌鹑的价值，我是知道的，它们是农民的朋友，它们不能生存在条件极为恶劣的荒野，只要气候许可，会随着农民的大斧去他们开辟的地方。它们百分之七十五的食物是草籽和有害于人类粮食生产的昆虫。它们吃的少量的小麦几乎全是从收割后的田野拾取的，至于很少的玉米粒，那基本上是在冬天期间采食的。我们都知道，剥玉米粒对农民来说是讨厌的重担，他们可能也无心欣赏鹌鹑在乡间美妙的啁啾，所以他们愿迁到城镇去参加“退休的破产者协会”的活动，这对乡村来说越快越好。

环颈雉

·第六章 饲养环颈雉[1]

① 环颈雉（Ring-Necked Pheasant），作者亦简称之为英国雉，在英国要专门饲养作为猎禽用。

听父亲说英国环颈雉是一种美丽的猎禽，因为我十分希望为我年轻时候猎杀了一些鸟类的行为给加拿大做些补偿，我决心试试饲养这种野禽。

一八九五年我致函俄亥俄州的普莱森里奇，要购买两至三窝英国环颈雉。我自信这里的天气会适合它们繁殖，因为它们跟我完全一样，都是英国裔俄亥俄人！无论如何，我还是充分考虑了一下，没把母亲的善意当耳旁风，我请她替我照管一窝。我则特别注意我负责的两只母禽，简直不让它们离窝，现在我认为这就是我犯的错误。没有一只卵孵出幼雏。但母亲招手要我去看看她负责的那窝，我马上走过去，她的母禽孵出十一只幼雏。母亲带着微笑把它们——母与子——一同移交给我，但是告诉我留给她照管到明天。后来我把其中的九只饲养到鹌鹑那么大小时，狗杀害了四只，只剩下老母雉和五只幼雉。我发现其中四只是雄的，但是后来有一只鹗杀害了母雉。一八九六年三月我只剩下四只美丽的雄雉。

这时我获悉在安大略的伦敦市有一位先生出售环颈雉，由于我的经验证明我作为加拿大人饲养俄亥俄环颈雉是成功的，我就写信给这个人，从他那里获得两只母雉，那无疑是英国雉与加拿大雉的杂交种。我解放了四只雄雉中的三只，又拿这两只母雉跟一只雄雉相配，后来这三只雉一共生了六十二只幼雉。我把四英亩地围上七英尺高的铁丝栏，沿着一边做了几个鸡圈，每个的面积约两平方杆[①]。每五只母雉配以一只雄雉，雉圈铺以丰富的沙砾以增加它们良好的消化力，也让鸟儿有足够的阴凉处。

我们的每个雉圈在四月十五日至六月十五日之间共产出了三十五到五十只卵。用给它们沙砾吃的办法使蛋壳都非常硬。我用温多特种母雉代孵[②]，每窝孵二十至二十五只蛋，尽可能放在潮地上。孵化的时间与鹌鹑需要的一样，是二十四天。全部过程一如我对鹌鹑的饲养所描述的，没有什么不同，只不过窠与圈要大四分之一。我以磅计算使用杀虫粉。通常一次让四至五只母禽同时坐孵，进行同样的记录，我知道何时准备孵化，把蛋放在它面前两三天，如同对鹌鹑一样。

在养雉时我从不把母禽放到圈外去。等幼雉长到六至八周，我把母禽带走，但圈还保留。圈可以安排成环形，像

---

① 1杆等于16.5英尺。

② 用母雉代孵则母雉可继续产卵。

蜂房一样，分隔两至三杆。我把圈上漆，有的白色，有的红色，小家伙会知道它们自己的圈，且不会忘记。

要记得喂食，我曾用许多种食物来做试验。我饲养过成千上万的苍蝇喂它们。拿一块肉，或牛肝之类，让苍蝇去叮，几个小时之后，把肉扔在桶里，桶内盛有一部分腐烂的锯木屑，顶上用帘布覆盖并留有一个直径一英寸的小孔。一周之后蝇蛆会把肉全部吃掉，并且钻进下面的锯木屑内。约两周之后桶内简直满是苍蝇。这时我放一个小捕蝇器在洞上，并使帘布其余部分变成漆黑。苍蝇将趋光而来，陷进捕蝇器内烫死或溺死。我也用蝇蛆喂雉，但不论养蝇或蛆，气味既难闻，形状又难看，都不必要。喂一点蛋羹更佳，等幼雉长到两周，加一点玉米粉。让它们保持饥饿状态，自己会去找虫子吃，它们需要锻炼。雉有三个月大就集中起来用船装运出售。

对幼雉围以高栏没有必要，因为你饲养的雉认识你，就像小雉一样温顺。在这种情况下，我自得其乐，不受干扰。我常常放手让一只母禽带十五或二十只幼雉自由活动。我见到最好的一窝是由不怎么样的两窝挑出来的。我让二十五只幼雉由一只母雉带领，一星期后我将母禽与幼禽一齐放出来。它们在房屋四周走动，但自然如同订有不由自主的契约一样，到时幼雉都回家栖息。我给它们好吃的东西，让它们吃够。母禽带大了二十三只。它们长得多么好啊！最后它离开了它们，雉群走进约半英里外的林子里去了。

用这个办法我给小城放养了一批环颈雉，后来我只用半天工夫就可以把猎获的雉塞满一只盛两蒲式耳粮食的袋子。离我的住所往北二英里处我一次看到二十八只雉在大路上掸土。但今天我怀疑在小城是否还有雉的存在。人们从周围好些英里的地方赶来打猎。我看到他们跑二十五英里的路来我们这里打兔子！我不想含沙射影地说所有打兔子的人其实是猎雉，但我确实要说所有猎雉的人都打兔子！

第七章 ·
我们的鸟类天敌

现在我们来谈谈美洲爱鸟者所面临的最严重的问题，除非这个大问题得到解决，否则我们将继续互相扯皮打架。

在密歇根州的一个狩猎运动展览会上我曾经见到半打的鹰科鸟类陈列在一个玻璃柜内，有数以千计的小学生参观。标签上写着："这些都是鹰科珍禽。"另一个人会说："保护猫头鹰或大角鸮[①]。"可能这同一个人又会鼓吹消灭野家猫[②]，明确的事实是这种鸮不过是有翅膀的野家猫，在凶狠、残忍、好杀的勾当上，它已经彻底把家猫从屠宰场上赶出来，因为它会吃掉许多许多种成年鸟兽，而据我所知，家猫是从不伤害这些鸟兽的，例如火鸡、大雁、孔雀，所有各种鹰、鸮，兽类中的臭鼬、麝鼠、土拨鼠、貂、黄鼬、野兔，等等。虽然我个人缺乏这方面的知识，可有一个住在森林附近务农的先生告诉我（我相信他，对他所说的不做重

① 即雕鸮。

② 野家猫，指无人饲养恢复野生习性的家猫。

复），他的几只大约半成年猫养成了爬上屋顶的习惯，在冬天的月份里坐在烟囱附近取暖；那些角鸮飞来把猫一只只叼走了。虽然我对上述说法没有明确的证据，但我的确知道：不管小鸟栖息的地方高或低，一概都逃不过这种无情猎食同类的猛禽的利爪。对我来说一个令人遗憾的事实是，从未见过别的鸟兽杀害一只雕鸮，虽然我终生都和它们一同生活在小城里。

我的一位细心的朋友解剖了一只伯劳。伯劳是一种大小和颜色跟蓝背樫鸟差不多的鸟，很多人都知道它外号叫“屠夫”[1]。我对站在旁边观看的人说：“这是一种恶鸟，我一看到就要用枪打。”我的朋友把工作停下来说：“杰克，请原谅，你错了。这不是你所指的北方大伯劳。”“不，不，老兄，”我回答，“我说的是你正在剥掉皮的这只，我再说一句，我看见就打。”我的朋友带着微笑，用温和愉快的态度回答：“杰克，我对你这么说感到很惊讶。”这一来，亲爱的读者，两个天生的博物学家恰恰互相对立，一个主张保护伯劳，另一个主张消灭伯劳。我孩提时在俄亥俄州曾当场观察过这种鸟，我常找到它的巢，从而知道它用什么喂饲幼鸟。在加拿大我抓获过数十只伯劳，在它们寻找猎物的行动中，对象主要是鹟。我解剖过这个家伙，在胃中发现两只小

---

① 伯劳常把猎物挂起来撕碎而食，故得此外号。

鸟的腿，而且两只小鸟并不是配偶。去年秋天我看见一只伯劳追赶一只雪鹀直达五百英尺高空，但雪鹀终于逃脱了。

我对另一个人说：“乌鸦和青铜鷯哥啄食知更鸟卵。”“哎呀，”他说，“我不明白。有一个知更鸟巢离我家不到一杆远，而林子里满是乌鸦。”是呀，幸亏如此，这正是知更鸟为什么在他家附近筑巢的原因。那是来寻求他保护的。

现在我们必须正视这一事实：在这个星球上，从来没有一个唯一的十全十美的管理人，能将所有这些生物都放在这里。所以，让我们把时间倒回去，看看在人类插手之前大自然的面貌。可能你读过美洲史，我却没有，但我怀疑是否有人已知在这块大陆上一度有大量翱翔的飞鸟的记载留存下来。在我家附近小小的人工湖底，由大雁和野鸭产生的沉积物跟我们在沼泽发现的物质完全一样，沼泽地里的沉积物均有三至十英尺深。我不想提及我在一天之内曾经看到的飞鸟的数量，因为今天的少年一般不会相信，但我要说我坚决相信，在我十岁以前，我一天看到的飞鸟要比今天普通的十岁少年一生看到的还多。在我的生活中我一再看到一只受伤的鸟落后，群鸟飞过去掩护它；我还常常看到一只鹰冲向它们，总是能把伤鸟逮走，还没有过失手的情况。受伤的鹌鹑，在我还没来得及赶到它们停落的地方之前就被鹰叼跑。要不是因为下雪，我本来不会知道发生过什么事情，因为我不总是能看到鹰。

我曾经饲养过一群约三十只野幼鸭，其中两只最小的看上去好像养不大，但是我没有放弃希望，继续照看下去。最后有一只患了眼疾，几天后另一只也传染了，两只都死掉了。此前它们把这种病传染给了其余的鸭子，所有健康的鸭子开始萎靡不振。等最后我把这种疾病制止时，只剩下了七只。根据我的经验，假如一只鹰飞来，它会挑出其中孱弱的叼走，这就防止了这种病蔓延。所以在我从事一生的研究后，我完全相信这些猎食同类的鸟由大自然放置在这里是为了消灭病弱的鸟，让强壮健康者生存下来。不过人类进行了干预。他们把注意力集中在消灭可食用的鸟类上，几乎把它们灭绝而放过了我们现在所谓的它们的天敌，换句话说，我们人类已经同被当作猎物的小鸟的天敌联合起来了。

佩利波音特距离我所在的地方约十五英里。这个沼泽在加拿大大陆的最南边，每年秋天数以千计的鹰科鸟类越过它，然而我从不知道会有猎手有目的地去射击它们。但倘若那里的一个湖上有二十五只野鸭，而今晚有二十五个人知悉这个情况，明天那里就可能会出现五十支枪。是的，我确信今天本洲的鹰和鹗同三十年前的一样多。

去年秋天十月间，当鹰迁移时，它们开始在我们的树林中栖息，不到一周就成千上万地飞来。因此我拿着一支手电筒和一管步枪去打。我确有把握地说，每发一枪就要从一棵小树上飞走二十五只。那天晚上明月当空，它们很快得到警示，我只打死十五至二十只。但听到它们在周围和林子上空扑翼而飞的声音使我纳闷，它们从何处来，往何处去。无论如何，一次足够。其余的鹰得到警告后第二天晚上一只也看不到了。所以我们不要怪造物主，那是人类的错误，没有别的原因，毛病出在我们自己身上。

“噢，但是比如，杰克·迈纳尔，你是不是想说一旦美洲的鸟类数量十分多了，那么那些老的、弱的、残的、病的可以供鹰和鹗吃呢？”不错，这恰恰是我想说的，可是我还没有证据，我只知道鹰每次逮一只残废的而放过健壮的。“就算如此，”你说，“一群小鸭又怎么样呢？它们可以逮走其中任何一只啊。”没那么容易。出生六个小时的野鸭就会像青蛙那样潜水，但体弱的就不行了。它可能只会把头埋进水中，但屁股将翘起来，像一只骄傲自大的癞蛤蟆。不错，我认为不到一百年前美洲每年有比现在更多供鹰吃的小鸟。因此，在积累了一辈子的养鸟经验后，与其治疗有病的禽鸟，照看体弱的、眼睛痛的，我干脆学鹰的办法把它们处理掉。

我不想看到这些猎食同类的鸟灭绝，同时我又高兴看到它们像其他飞鸟一样在最近四十年间减少。

长耳鸮

· 第八章

同类相残的鸟禽

* 亲爱的读者，我非常清楚，如果我不谈这些问题，我的作品会更受欢迎。但我为人如此，乐意把每一种鸟的优点都写出来，没有别的办法，因为我爱观察它们。但请记住，在本书内我说的情况是我所知有关大自然的事实，所以别因为我说的是事实而跳起双脚来严厉责备我。

*

首先我要说，愈是大型的鹰，多数人就愈渴望射死它。这是一个错误。中型的鹰才是最凶恶的。雀鹰是最小的鹰，它对长刺歌雀和歌鸦刚会飞的幼鸟紧追不舍。是的，我知道它们吃蚱蜢，但通常只是幼鹰吃，成年的雀鹰主要靠吃鼠类和小鸟为生。

在我养雉的时候我总是盖一个“掩体”藏身在里面以监视幼雉的天敌。一天，我在下午一点喂过了幼雉，四点三十分我又回来敲着锡盘第二次呼唤它们进食，十七只美丽的幼雉中只出来七只，它们踮着脚尖行走，胆怯而害怕。我首先想到的是，“一只鼬”来过了，但是当我看到母雉侧着头向上望时，我把儿子叫来，带着猎枪，装上几发六号子弹，我很快躲到“掩体”内，儿子回去几乎还没走到住屋，我就听到母雉“咯嗒——嗒——嗒——嗒”的叫声，意思是“低低地躺着”，因而我接受了它的意见，约五秒钟之后，一只雀鹰从天空像一颗子弹那样直蹿而下——快得我来不及看清。等我拿枪对准它，鹰已停落在地上。它看见我但失掉了捕雉的机会。当它又飞离地面约四英尺时我连开了数枪，迫使它远走高飞。第二天早晨我们到森林去，消灭了一只老鹰和一只幼鹰，找到了几只幼雉的遗骸。在不到四小时内，这只雀鹰杀害并劫走了十只幼雉，幼雉生下来仅十天。在雉长到小鹌鹑或哀鸽[①]那么大时，雀鹰不会把它们带走，我曾经用一只死的幼雉愚弄一只又一只小鹰，我用一根铁丝穿过幼雉的身体，让它姿势自然地站在一只钢夹上，让鹰从空中飞落下来吃雉。我用同样的办法抓住许多只鹰。

我可以继续谈这类经验。但是请记住：雀鹰只是凶恶的鹰当中的一种，还有最凶恶的，例如鸡鹰[②]、条纹鹰、苍鹰。这三种鹰恰像空中的子弹一样。但是在雉幼小时雀鹰则是最凶恶的，因为它数量更多。对任何想养雉谋利的人，容许我提出忠告，除非你首先学会如何消灭鼬、仓鼠、迷路的家猫

---

① 一种北美特有的鸣声凄哀的野鸽。

② 原文为Cooper's hawk，北美产的一种鹰，名称源于十九世纪美国博物学家威廉·库珀（William Cooper）。

和猛禽，否则最好推迟一个星期左右再开始。请记住雀鹰为饥饿所迫时，它们会互相杀害，吞食对方，鸮也是如此。我一生中知道数十起这样的情况。

有两种鹰我从来不去猎杀，它们是红尾鵟[1]和赤肩鵟。它们大而不灵活，对我们的小鸟威胁不是太大。如果这两种猛禽被我的夹子捕获，我通常给它们系上铝环后放生。但是，说来奇怪，我一生中从未听过这些鹰类发出任何一种鸣声。我知道它们能杀害笨拙的家禽之类，也能杀害蛇，不过我没有亲眼见过，所以我如彼拉多[2]说的，找不出这些家伙的“罪过”。

生活中我要花许多时间在夜晚烧砖烘瓦。在夏夜看癞蛤蟆跳到火光下捉虫吃是很有趣的。大型的鹰吃蛇，蛇又吃癞蛤蟆，但我不喜欢蛇，即使它们不爬到我的靴子内。

现在该谈谈样子无害的小小的长耳鸮了！就在去年夏天，一天早晨我去紫毛脚燕舍看看它们出了什么问题，发现有三至四只雏鸟掉在地上扑腾，亲鸟则在舍外盘旋好像那是个蜂房一样。简单地说，我们在两周内消灭了九只长耳鸮，但是那年它们却杀害并赶跑了我们全部的燕子。在一只长耳鸮的巢内我一次发现整整一帽子的残破的燕子翅膀，幼

---

① 按动物分类，鵟与鹰均属鹰科。

② 彼拉多为《圣经》中下令钉死耶稣的罗马总督，按原文，彼拉多说：“我查不出这人有什么罪来。”典出《路加福音》第二十三章。

知更鸟的翅膀与足，以及鹌鹑、歌鸫与家雀的羽毛。还有一回，一只长耳鸮钻进铁丝网的两英寸网眼，杀了一只我喂养的母红腹锦鸡，咬断了锦鸡的喉管，这只鸮仅重三个半盎司。一位医生有次叫我到他家里去看看什么东西杀害了他正孵着十二只蛋的母红腹锦鸡。鸡笼是由两英寸网眼的铁丝织成的。我立即说那是一只长耳鸮干的，并向他说明我怎么会知道。他于是告诉我，他在谷仓和周围放养了长耳鸮以便消灭家雀。另一个我认识的人在谷仓里养了一只长耳鸮以防家雀，结果知道什么杀害了他驯养的鸽子后感到迷惑。

长耳鸮不过是一种小型角鸮，在外貌与习性上都很相似，但在我的智力受到鸟类考验的所有经验中，从来没有什么鸟比这个“大”角鸮给我的考验更大。有一回，一只这种会飞的畜生飞来，脚趾被钢夹夹住。它一连几晚挣脱了好几只钢夹，并且掠走一只母雉。这事连续发生，一直到它掠走十二只雉。于是我穿好皮上衣，在“掩体”内铺好用盖毯做的床，掩体一般都是事先在围场上准备好的。气温降至零度的夜晚，我躺在那里，月色光明，寒气刺肤。终于，我看到一只鸮在地面之上盘旋，我感到幸运的是它没有发现我，它飞来查看我近处的囮子，在它的注意力被吸引住时我举枪开火了，它永远都不会知道什么打中它了。我回屋时是清晨三点，每个冬天我通常都要逮住十二至十五只这种鸮。

请记住，倘若它来了并逮住了一只雉，它想吃便会吃掉，第二天晚上又去逮一只新的。

但这些猛禽如何探明其他鸟的位置是一个谜。可是如果我们去到田野，在一个炎热的夏日杀死一头牛，不到半小时准有红头鹫飞来。这些鹫从什么地方飞来的呢？你可能有一个月没见到一只。它们又怎么知道你杀了一头牛呢？这个问题也许跟“鹰和鸮是如何知道它们的猎物的”一样使人迷惑。

冬天或初春，栖身在树洞或乌鸦及鹰废弃的巢内[1]，它们每次产两个纯白的卵。卵如海龟蛋一般圆，约普通的家禽蛋那么大或更小一点。我甚至曾早在二月第一天发现此鸟的巢穴，一只老鸮在里面孵卵。雌雕鸮比雄鸟大，重约四磅，伸展的翅膀足有五十五英寸。

我知道有许多人保护此鸟，因为它们消灭鼠类。确实是这样。但是他们杀害那些成百地消灭害虫和杂草的益鸟来养活一只幼鸮。我认为一只出色的知更鸟和鹌鹑在一天内做的好事可以补偿鼠类干的坏事而有余。

现在我们来谈谈乌鸦和青铜色的鹩哥，椋鸟中最大的鸟类。这两种鸟主要是靠破坏别的鸟卵来抚育自己的雏鸟的。为什么如此，我不想妄加解说，也不想试图就此提出一点线索，而是要坦言我不明白。可能是由于人类干预他们的天然习惯而造成的。

---

① 鸮自己不会筑巢。

乌鸦是我在加拿大首先捕猎的鸟类，因为我们认为它们损害玉米。我到森林去探明鸦巢的位置，不久我就精明地模仿幼鸟的叫声了，然后打败了雄鸦。如果可能的话，我会先消灭幼鸟，然后藏身在灌木内，如幼鸟一样，沉着地呱呱叫唤，于是成打的乌鸦给它们伪装的幼儿带来食物。我甚至能做到这种程度，把它们叫到小树林里，只用很少的弹药达到目的，因为那时购买弹药价格不菲。现在更是贵得骇人听闻。乌鸦用什么来喂养雏鸟呢？虾、蝌蚪、小蛙、幼虫等等，但是老鸦吞咽在地上发现的食物，其中百分之七十五是鸟蛋。就是这些黑色老恶棍教我用什么喂养雏鸟的，这对我来说轻而易举，现在用蛋奶沙司养一只小鸟犹如在政治选举期间制造一场吵架一样容易。

我要告诉你一些可悲的事情。我曾经看见没有孵出来的幼知更鸟从一只垂死的乌鸦口中吐出来，小家伙依然活着。是否在我打中它之前在它喉中蛋已破裂，我不知道，但吐出时是破的。是的，它们劫掠乌鸫的卵，快如它们对付知更鸟卵一般，假如有机会的话还有别的较弱小的鸟类，但知更鸟卵并不是它们看重的猎物，可能是因为知更鸟不会较好地掩藏它们的巢。不过我猎杀乌鸦是因为它们拔扯玉米！在我一生中我从不知道乌鸦把玉米带给它的幼鸟吃，我曾经从一只喘息的乌鸦口中摇晃出七只未孵出的小鸟来，这些小生物中的任何一只，要是让它长大，会跟一只乌鸦做的好事同样多。若你要诱捕一只乌鸦，可用一只鸡蛋作诱饵，但要记住它是精明机警的，你必须非常细心地把陷阱掩藏好。

鹩哥不过是一种小型的乌鸦，[①]它的习性跟乌鸦完全相同。它会停落在树上，先向四周观察，然后抓住机会飞下来钻进灌木丛，里面可能有歌鸫的巢，正好像白鼬钻进石堆去追逐兔子一样。我知道鹩哥杀害孵出的小鸟，但那么多熟悉这种鸟的习性的人要说，他们认为鹩哥的益害可以相抵。我不明白为什么他们得出这个结论。你要是把这本书从房间的这边扔到另一边绝不拾起来，我也没有办法，因为我在说实话：这些乌鸦和鹩哥是美洲最坏的鸟巢破坏者，它们干的坏事是好事的十倍。记住，我写作不是为了讨读者的欢喜而是根据个人的观察和经验向你摆出收集到的事实，我的信念正是基于此种认知。我敢肯定我们在安大略省百分之五十的鸣禽、食虫和作为猎物的鸟类的卵和雏鸟都是被这些冷血、盗巢、同类相食的害鸟所吞食，其中最坏的是乌鸦。它会把大如麻雀的哀鸽雏鸟从窠里打劫出来；鹌鹑、喧鸻，以及几十种其他鸟类的美丽的母鸟完全孤立无援，毫无办法避开它，如同人类中的母亲赤手空拳，无法阻止一头恶狮把她的婴儿撕成碎片。

顺便说说，我正在改进我在冬天捕获数以百计的乌鸦

---

① 按动物分类，鹩哥属椋鸟体，乌鸦属鸦科，作者这里或指其外形而言。

的夹子。这些乌鸦我移交给射击俱乐部用作多向飞靶的靶子了。虽然乌鸦是一个黑色谋杀犯，我们还是必须公平地对待它，给它生存的机会，因此我要求在二十五到三十码的高度从五个事先未知的射击点射击。射手不必为射杀的乌鸦交费，但如果没有打中则要罚款。除上述罚款外，他还要接受处罚，那是一群兴高采烈的好射手强加于之的“适合”的惩罚，例如将他捆在横杆上抬着绕俱乐部房子跑一圈，假如他让一只这种黑色凶犯逃跑掉的话，射手按照他的射击能力受罚。罚金用来购买忠实的老马，加以人道的处理，死后被用来作为诱饵引诱更多的乌鸦，让这些黑色的老暴君自食其果。这样一来，乌鸦就从讨厌的东西变为了运动的用具。

鹰和鸮对成年的鸟类是最坏的敌人，长耳鸮不像它的样子那么清白无辜，但没有鹰、鸮能和雕鸮相比，我只愿你知道它抢走我最心爱的宠物使我伤透脑筋就够了。是的，似乎它以抢走别人最亲近最宝贵的东西为乐。现在让我自我吹嘘一回吧：凡雕鸮从我这里每抢走一只鸟儿，没有不挨惩的。

你听到鹰和鸮的唯一好处便是逮“耗子”。有一回，一伙农民在我的瓦厂内开会，我一生中从未听到过他们对耗子发出怨言，这次也没有，我知道耗子很少找整洁、精明的农民的麻烦，不过这次却听见他们因地蚕而诉苦，这几乎使我浑身不自在。地蚕咬断他们的玉米或金针虫，摧毁他们的燕麦，黏虫狡猾地活动等等。我个人从未有过与为害作物的幼虫打交道的经验，但田鼠则常常被我逮着放在口袋里，要不是有些青年也玩同样的把戏，我本来想告诉读者少年时我是怎么对付它们而得到乐趣的。对比鹰和鸮杀死的耗子，我们可能要以损失若干每年吃掉成千上万条害虫的小鸟为代价。我知道有一种农民，别的动物比耗子更容易使他恼火。你经常发现他进城，坐在一只肥皂箱上，同时抽着烟，时不时站起来，把位置挪挪，可能对调两端的位置是为了避免疲劳。他的家畜品种是多种多样的，有的猪胡须挺长，看见他到来不知道怎么办才好，有一两头是尖背的驯养的野猪，南卡罗来纳种，土头土脑的公猪不管是不是从冒气的肥堆钻出来，样子失望。在田间剩下的矮小的苹果树，是别人栽的，自从他买下农庄以来，野草丛生，像羊毛似的，这些自然都移交给他了。

倘若你的果园土里有残株或三叶草，得在初秋把它们除掉。经过细心的检查，就可以知道是不是有田鼠，这从在地面纵横交错的小跑道就可看出来。如果有，带上半蒲式耳的麦粒和三十至四十把用作饲料的玉米秆，抓一把麦粒撒在地面，在上面并排盖上两束玉米秆，造成一个个耗子的藏身处。不要干草，三叶草料也行，但我偏好玉米秆，在普通的果园内十五至二十五个这样的藏身处就足够了。十天至两星期内果园中的耗子会藏到这种貌似掩体的圈套下。现在拿一把六至八齿的干草叉，把这些小掩体打扫一遍，摧毁它们的退路，然后迅速把覆盖的玉米秆揭开，它们的眼睛突然受光线照射，暂时变成盲目状态，给你时间正好用叉子从旁猛砸。假如估计一下，头一次战果可消灭百分之七十，然后再把玉米秆盖上准备下一次战役。假如你对此无所谓，干脆请一群上学的男孩执行你的计划，你很快会发现你的烦恼变成游戏和你对邻居孩子们的教育了。

万一你没有上述的材料做覆盖物，把老锯木屑撒在地面也能达到同样的目的。但是如果你依赖鹰和鸮去灭鼠，那么则要剥掉你有些树木的皮，因为耗子似乎有人的嗜好，它们喜欢苹果树皮如同人类喜欢苹果汁。

耗子问题总是使我想起有人讲的另一个人的故事。据说他看见一则广告："如何杀灭马铃薯甲虫！只要付一美元即可寄上全面指导。"这当然是一个便宜的机会，他马上封好一美元寄去。他收到一只小盒子作为答复，里面装有一小块砧板和一只木槌，"把甲虫放在砧板上再用锤子砸它。"

第九章・黄鼬

* 我们终于要写到在所有消灭田鼠的能手当中那最大的能手了。在一个黄鼬的冬天洞穴里，我发现了田鼠达二十七只之多。我的经验是，在我们鸟类的所有天敌之中，没有可以跟黄鼬匹敌的。但如果我问美国有经验的猎人，他们是不是熟悉黄鼬，所有的人都会表示厌恶，因为黄鼬在全国都非常普通，我一度也属于这类人，我认为我具备一切关于它们的应有的知识。我从树梢开枪打它们，把它们从地下挖出来。我把它们指引到瓦厂和发动机车间；我曾经坐在树林里指引它们来嗅我的手指头；我在安大略省打麋鹿时看到过数以十计的这些小“流氓”，我坐下来指引它们游过小溪到我身边。是的，我认为我对它们非常熟悉。

*

现在我想到黄鼬时，总是联想到一个肥胖的中年人，他一度来到我们的瓦厂。他把瓦装满他的大车后，从车上跳到地上，双手拉起他宽大的长裤，接着用右手放进裤袋掏出满满一把看起来像烟草似的加拿大蓟和马利筋碎末，他把这些碎末从右手倒进左手，一边吹去其中粗糙的沙砾，然后把嘴巴翘得老高，高举手掌，把这种乌七八糟的东西倒进口腔，正像把剩菜残羹扔进臭鼬的洞穴。然后他转过来对我说：“迈纳尔先生，您认识××先生吗？”他叫出他邻居的姓名。“认识，”我回答，“我跟他挺熟。”“那好，”他说，一边举着一只手向我走来，“这恰好是您的错误。听着，迈纳尔先生。您以为您认识他，但您错了。”然后他抬起双手，接下去说，“得啦，让我告诉您他的为人吧，迈纳尔先生，他是个魔鬼的走狗。”他一边继续向我走得更近，嘴里对他的邻居吐出不干不净的脏话，愈来愈难听，跟他嘴里的碎屑搅和成一团肮脏的唾沫，满溢的口水从嘴角流出来，流到下巴上，像过热的轴承箱里沸出来的焦油流到施肥机上。接下来我以工厂的发动机需要我照管为由走开了。

因此，如今每逢我想起这个人的谈话总是联想到黄鼬，同时我自以为熟悉它的习性。我养雉的第三年，这些样子看起来清白无辜的小害兽却吃掉了孵化出来的三分之二的幼雉，这证明我并不了解它们。你谈论害虫幼虫损害农民的庄稼，但害虫并不杀害雉。其实，黄鼬比压低我房产价值的沉重的抵押契据更使我伤脑筋，它们照顾我的保险单。

我日夜监视着鼬。我把雉紧关在围场里，几乎到闷死的地步，可黄鼬还是把它们逮走了。我坐在围场的篱笆上，把几只鼬用大量子弹打得粉身碎骨，回到住屋心情非常轻松。可第二天早晨我照样可能发现十到十五只死雉。我到处都放置夹子，抓到的雉和黄鼬一样多。我用尽了各种诱饵，最终还是失败了。我试图招引它们，不过没用，毫无效果。我把活的幼雉关在有小网眼的铁丝笼内，在笼外放置夹子，可是不管用。最后我把雉挪到住屋近处，所有的雇工都参加监视，即便如此，我们也丢失了几只。我日夜研究黄鼬，但被打败了。它们从哪里来呢？

门前庭院里有黄鼬，
　仓库里也有，
鸡场里出现黄鼬，
　整个农庄都有，
发动机车间有黄鼬，
　棚屋里也有，
夜晚我去睡觉时，
　头脑里还有。

空空的地面我看见它奔窜，
　在荒草里躲藏；
我看见黄鼬在鸡棚里，
　干血腥的勾当；
我看见黄鼬越过大路而来，
　我看见它在小巷；

早晨我醒来也没忘记黄鼬，

脑海里还在想。

不管我如何下定决心，黄鼬依然大量增加。不但在全国数量越来越多，且因为雉而被吸引到这里来，似乎要消灭黄鼬是做不到的，因为岁月无穷。这样下去我本来想放弃斗争、承认失败，但我终于铁了心，黄鼬遇到了一个坚决要消灭它们的敌人。我不打算唠唠叨叨讲长篇大论，只想告诉你发生了什么情况。

比这更早的若干年前，一个可爱的男孩，上帝把他短时期借给我，他爬到我的膝盖上，用他的小胳臂抱着我的头颈，用他的小脸蛋对我直视，他恳求我带他和他妈妈一起去参加主日学校[①]，我松开他的小手臂，一次一只，要他爬下来，但是他坚持，说把他一个人留在家很寂寞。他的真心要求使我动情，我无法拒绝。下一个星期天他和他的父亲手拉着手一同走向主日学校小小的红砖校舍。虽然这违反我的意愿，因为我并不教课，但最后使我高兴的是，大约三个月之后，我终于给一班男孩上课了。他们自然进行朗读，但我总管校务，必要时强迫执行校规。经过几个星期天，我跟孩子们搞熟了。我们读《创世记》第一章第二十六节时，知道上

① 主日学校附属于教堂，在星期日上课，是对儿童进行宗教教育的学校。

帝让人“治理一切”，非常受鼓舞。亲爱的读者，我唯恐我忘记要你知道上帝在这一节中的承诺，那是我过去二十年来成功地驯养和管理这类所谓野生动物的基本根据。虽然黄鼬把我打败，可是我的思想还是不断回到神讲的这句话：“让人治理一切。”

最后我想，为什么黄鼬把雉的残骸带到将近一百码远的木条堆里去呢？是啊，非常清楚，它在偷盗之前待在那里，已知道那个藏匿赃物的地点了。对呀，假如我在那里放个夹子，就能防止它。所以我要彻底改变我的计划，不去摧毁它原来的洞穴，反过来替它们盖一些尽我所知最好的藏身之处。所以怀着这一设想，我做了三个捕捉黄鼬的陷阱如下：

我拿了四块宽度为四英寸，高度为二英寸，长三英尺的木块放在平地上，指向东西南北，它们距中心各相隔六英寸，当中留有充分的空地放置一只弹簧夹子。木块上再覆盖旧木条并钉牢，中央留一个约一平方英尺的洞眼，刚好在夹子上方，上面再盖一块活动木板。

这样我就有了一个捕黄鼬的陷阱，完成后有六至七平方英尺大小，覆盖的木头刚好离地二英寸，所有的跑道都朝向夹子，如同引用车毂的辐条。

我拿这样三个陷阱放在鼬最可能出现的地方，两个在围场内，一个在场外。我接着扔了一些残株、杆条，以及我可以找到的东西在周围，造成一个完全的黄鼬出没的地点，然后我在地上挖出一个约一英寸深的洞眼，铺上松软的鸡毛，把夹子放在羽毛上，使夹子的启动装置非常灵活，一触即发。然后放两三根羽毛在上面，让它显得像一个鼠穴。现在我把活动木板盖在洞眼上。早春，我安放好陷阱，但黄鼬没有来，直到我把雏放出来活动，于是真正的好戏开场了，一只夹子一天内捕到三只鼬，这是放在围场外的那只的成绩。使你满意的证明是：我们抓黄鼬的故事并未夸大，头一个夏天我一共抓获五十四只，它们只逮走四只雏；在接下来的三个季节里，我每年要捕获五十多只。但是现在它们几近被全部消灭，因此我们只保留了一个陷阱，我们称之为“平台”，一年只抓获两三只。

原谅我写了这么多，内容却不丰富，但我请求你理解我仅仅涉及如何防止这种害兽的办法，因为一只鼬一夜间能杀害二十至三十只幼雏，因此如果你尝到我的经验的甜头，知晓在头天夜间而不是在第二天早晨捕获鼬，则一年的价值相当于这本书定价的好多好多倍。了不得的好处是你一举两得，既帮了自己又帮了邻居的忙。在我消灭四邻百分之九十以上的黄鼬前，我的邻居对饲养火鸡几乎心灰意懒，不仅火鸡，也包括任何家禽。今天，这些怨言似乎已成为过去的事，黄鼬造成的烦恼也已成陈迹。

知更鸟

·第十章 知更鸟

* 我已经测试过你的耐心了，首先给你看到了最坏的情形，终于可以看看鸟类教给我的光明的一面了。毕竟，我有很多知识要感谢食肉的鸟类。现在我坐下来的地方，也就是这片次生林地，面积约三十英亩，在夏天的几个月内，我至少每星期一次散步到这里来。在一天的旅程内你发现这是知更鸟筑巢最理想的地方，可是最近四五年间，我发现这里没有多少，只有五个巢，但一英里半外的我家附近，去年夏天却有十七个，全都在距房子一百码范围之内。覆盖我们院子的是十三棵枫树，枫树外侧则是幼小的灌木丛。一切有头脑的人准认同它们是来寻求保护的，以躲避天敌，因为通常有一只鸦巢藏在这个或附近的树林中。但请记住，乌鸦知道不要冒险到房子的近处来。知更鸟也知道这一点。

*

知更鸟在初秋离开我们的主要原因是它们主要的食物——幼虫——已进入地下过冬，但只要它们又回到地面，知更鸟就回来了，妙处在于它们回归原地，栖止在我们那些树木的原枝上欢畅地高歌，使我们的小径上的暗点大放光明。在歌声的间隙它们降落在草坪，既蹦又听，忽然间又一齐去啄食草丛里的蛴螬，等叼出一只把它吃掉后，它们要么听听还有没有声息，要么跳起来再给我们唱一曲。一季度里逮住这么多的母虫，它们为我们服务的劳动价值达到上百美元。

在七月一日左右，没有被消灭的幼虫藏在坚硬、干燥的土壤下，而知更鸟需要抚养它的第二窝。那自认为聪明的人会走出家门向它射击，因为它吃了可能不值得一提的两美分的酸樱桃。这个人可耻啊！可耻！可耻！他有没有人心呢？假如是这样，让他到那饥饿的小知更鸟叫唤的树下去吧，它们正在呼叫着“妈妈！妈妈！妈妈！”那是这三声啾鸣的准确含义。鸣声变得愈来愈弱。朋友，让我再问你：你有人心吗？你爱你尚在襁褓中的弟弟或你的宝贝婴儿，而法老王[①]的思想使你内心产生了罪恶的念头。记住，尽管他那么残酷无情，他从未想要一个婴儿因为你打死了他们的母亲而像这些可爱的幼知更鸟那样慢慢死去。尽管乌鸦和椋鸟在育雏季节行为恶劣[②]，但我不愿由于这个缘故向它们射击。

要是我不让你共享一下我愉快的经验，那是不公正的。我知道有时知更鸟会成百上千地聚集在果园内使果农恼火。不过平心而论，我们必须考虑它们对大多数人的普遍的好

① 法老，古埃及王的称号。

② 乌鸦习性危害果园，啄食作物种子，并盗食其他小鸟的鸟卵，残害雏鸟。

处。所以让我们以农庄的平均数为例，这些农庄是由最熟练的农民经营的，作物有玉米、土豆、番茄、卷心菜以及其他种类，数不胜数，全都是从整洁、肥沃的土壤长出来的。当前，讨厌的地蚕犹如一个夜晚偷偷活动的窃贼，像蜗牛一样从地里爬出来，把正在生长的植物咬断，然后又去对下一棵重复同样破坏的勾当。接着要是它肚子撑饱了，它干脆就钻到它破坏的最后一棵残株下面附近的土壤里去。我知道地里有整整四分之一的作物在不到五天之内遭地蚕的毁灭。它们不仅数量多而且像黄鼬一样破坏力十分强，只要想一想它们对农民造成的不得不补种的损失和不利吧。不仅如此，第二次栽种的收获量从来没有第一次的多。红胸的知更鸟的可贵之处很多，这仅仅是我可以说明的其中一点。早在一般的农民起身之前，它已来到田间了，从这棵植株跳到那棵搜索地蚕，要是它逮着了两到三只，它并不吃掉而是衔着送回家，在三分钟内再回来。

不错，我知道会有人告诉你知更鸟并不吃地蚕，而且它的鸣声也不比长瘤的蟾蜍的叫声好听。事实上有人这么说。我见到知更鸟吃几乎所有昆虫的幼虫，只有不干净的烟草天蛾除外，我们必须相信这一点。去年夏天我看见一只出生才不到六星期的幼知更鸟，以每分钟六十只的速度吃蚂蚁。这对你的草坪意味着什么呢?

几年前，有一个男孩携带一支0.22英寸的小口径步枪走过我的房子。我听见他开枪，所以我出去走到大路察看，我走过去拾起离我几杆远处的一只正在扑腾的老知更鸟。它喘着最后一口气，两条地蚕从它嘴上吐出来，在我拾起它的地方附近，另一条也正在地上扭动。我和这个男孩进行了一次推心置腹的谈话之后，我们分别，但那天下午我又发现一只知更鸟，背部有一颗子弹。第二天是星期日，上午十点，我正靠近窗口坐着想读读什么。我向外瞥视一眼，看见一只幼知更鸟，在枞树下快要死亡。很快我发现树上有一个巢，两只较大的还活着，但体温很低，我连鸟带巢一齐拿到室内，它们慢慢暖和起来。我把一点蛋奶糕[1]放在一只较大的鸟儿的嘴里。这使得另一只幼鸟明白有东西可吃，于是它也不睡了，明显用尽全力伸长脖子和突出嘴部，因为它把嘴张得好大，似乎脑袋要裂成两半。它们咽下去一小块蛋糕后立即有了力气再要，它们一得到满足，我们随即用暖和的上等法兰绒把它们盖起来。等我们约一个半钟头从教堂回来后，把被子揭开，一只马上跳在巢边上，唧唧地要更多的蛋糕吃，两天后它们已经离巢，在我们周围蹦跳要求喂食。事实上我从未有过知更鸟这么快地接受我们作为义父母的经验，如这两只幼鸟所做的那样。可能它们在不自觉的状态下在某种程度上忘掉了它们原来的父母。两星期后它们在房子里到处飞，

① 用蛋奶沙司做的糕。

但总是饿了就来到后门叫着要食物，直等有人来喂它们为止。最后它们会跟随人到工厂，我常见它们坐在机器上，看着黏土像流水一样涌出来，时而侧转头部好像怀疑它们敏锐的眼睛。有一两次我看见它们停落在热煤气管上，这总是使我发笑。下一幕也许看见它们飞到户外停在黏土堆上看人们挖土，不时地叼出一条蚯蚓。但它们从不接近偶尔在周围出现的陌生人，我们知道这两只天真的知更鸟几乎在认识我们不到两个月内就全熟悉了在房子周围做工的每个人了，光这一点就使我们非常满意。

这两只知更鸟跟我们待在一起直到十月，然后失去了踪影，但它们给我上了一堂宝贵的课：把宠物关起来，在生活中是个很大的错误，一只随意来去自由的鸟儿抵得上一百只关在笼子里的鸟儿。

好啦，那是好些年前的事情了，自从那时以来我们一直把知更鸟作为宠物喂养着。最近七八年数以千计的陌生人不断到这里来，全都想给我们的知更鸟喂食。我们自然让它们喂，有时好些天我不喂它们，但我常常看到它们一见一群陌生人到来就飞过去，为什么？因为老是喂它们的缘故。

去年夏天发生了一桩可笑的事情。我听到女主人拿着扫帚呵责驱赶什么东西。我发现小雅斯帕尔把纱门打开忘记关上了，他养的宠物知更鸟有三只飞进屋来，停落在他妈妈挂在冷藏房（有些人也称它作冷藏室）里心爱的图画上，当小雅斯帕尔弄明白喧闹声是怎么回事后，他就拿起喂食的锡盘进来，用勺盛了一点无花果放在盘里，鸟儿飞落在上面，小雅斯帕尔拿着盘子走出去，一场风波才告平息。

一九一七年，我们有了二十一只驯养的知更鸟，我常看见小雅斯帕尔上学出门后又不得不回转来喂他的宠物，为的是不让它们跟着他去。

我们养它们是因为有个邻居怕他的猫在他的房子周围杀害幼鸟，所以我们领养了这么多。如果读者要试养，可把它们放在盛干货的小木箱内让它们保暖。约过六小时打开它们的嘴喂一点奶糕。一定要让它们的身体保持温暖，不生病，常常喂食。

我们给其中一些知更鸟挂上标志，少数在转年春天归来，它们总是更富野性。事实上，它们回归后不让你接近，我不理解这件事情。我最新的实验是从一窝四只雏鸟里面挑出两只，它们的双亲是我所知最温顺的；然后我又从另一窝两只里面挑出一只，它们的双亲格外狂野。这三只雏鸟在同一时间内取出，但两只在两天后变得比较温顺，而另一只则在四天后才温顺起来。

第十一章・蓝知更鸟

* 对北美一般的中年人来说，这种鸟无须详尽的介绍，但对如今的年轻人，此鸟已相当稀奇了。事实上我最近跟一位年轻的女士交谈，她每年夏天都要到户外野营一段较长的时间（但自然，像她那样年纪的姑娘们——她刚过十六岁），她告诉我她从来没有见过一只蓝知更鸟。近四十年来这种鸟已减少了百分之九十五以上，而在我的少年时代，它们如今天的知更鸟一样普通。它们通常在春天同一天到来，随身带来它们美妙的歌声，而这是音乐家们从来未能正确模仿的。

*

一九〇八年，我为蓝知更鸟建造了三四个巢，一九〇九年只有一双蓝知更鸟飞来，只在一个巢内安家。这些巢是用木头建的，因此我想它们可能愿意住瓦房，于是我着手工作，制作了六至八种不同的排水瓦，使我吃惊和高兴的是，鹪鹩和蓝知更鸟都喜爱瓦房，再不在木房营巢。去年夏天，我在某个星期一为鹪鹩盖了一幢房，次日早晨鹪鹩太太就已经把巢筑成一半，换句话说，在它开始把小枝运来时，瓦房几乎还没有冷却。

连续三年，一对蓝知更鸟在同一所房屋内养育它们的头一批子女。因此去年夏天我造了约二百来栋蓝知更鸟巢，拿它们选择的房型作为榜样。这两口子一个夏天养了三窝幼鸟，但通常它们只养两窝。这同样的巢鹪鹩和知更鸟都使用。如果鹪鹩使用，它们会用小枝塞住上面的大洞，这样麻雀就进不来。当然，那有门的房间得留有足够的余地好让它们自己待着，它们的身体小得多。这是我的经验，不过这些鸟儿会不会喜爱别的地方的瓦房，习不习惯看到红瓦和红种人还有待证明。

万一它们不习惯，有几种补救的办法。房子可漆上任何颜色以吸引它们飞来。但首先，由鸟儿自己决定，因为它们似乎知道，那是为谁而建的。所以，知道鸟儿最爱瓦房，而价钱仅值木房的四分之一，可以让它们使用一生，我终于为鸟儿弄到了一个家。

如果觉得更合适的话，活动的房顶可在整个冬天挪开。雨雪霜会除掉螨虫等小虫，这些东西有时杀害雏鸟。在我们的住房周围使用这些小小的防火的鸟舍，飞来的鹪鹩要比麻雀多得多，因为后者知道它们不受欢迎。虽然我们每年有四至五对蓝知更鸟，可它们繁殖得似乎不如鹪鹩快。我认为那是由于鹪鹩的精明，它们把大门封锁，不让那些残暴的飞贼进来。这一经验使我相信麻雀应为我们可爱的蓝知更鸟的减少负责。我说“可爱”，任何熟悉蓝知更鸟的人也会这么说，因为它们以选择在我们的住房附近营巢、依赖我们的保护来表现它们对人类的爱心。

我们通常把它们的巢用斜钉钉牢在我们房屋周围的栅栏顶上。我从来没有替蓝知更鸟套过标记环，因此我没有正面的证据证明同一只鸟年复一年地归来。可是我不像那个苏格兰人，他说他坚信如此，但他愿意见到使他确信情况相反的人。我们有若干只老鸟，其中任何一只都允许我们爬上栅栏挪开它的屋顶，要是我们往里面窥视，会看到它坐在它的卵上，离我们的眉毛不过八英寸。它转过头偏向一侧，一只小眼睛打量我们整个的脸部，仿佛说：“对不起，先生，但你开门之前应该先敲敲。”如果一个陌生人得到允许，它会飞出来，虽然每次我挪开屋顶后它会允许我往里瞧，也不飞出来。

蓝知更鸟减少的主要原因是英国麻雀。人们的大错之一是把这种专横的小东西引进到北美。我控告它的缘故不是因为它没有消灭相当数量的害虫足以抵消它消耗的粮食，而是它利用它的一切权力除灭若干种上帝安排在此间的鸟类，其中任何一种一天之内消灭的害虫都要比它一周内消灭的更多。

去年夏天一个星期日早晨，当我睡醒时听见了麻雀与蓝知更鸟在知更鸟巢打架的声音。鸟巢离我打开的窗户约一百英尺。但是因为我知道幼蓝知更鸟正由亲鸟孵着，我就翻了一个身，打了另一个盹。大约一小时后，我看到麻雀占据了鸟舍。我走过去，发现五只小蓝知更鸟躺在栅栏栏杆下死掉了。我没看见麻雀把它们扔出去，我只知道老蓝知更鸟在鸟巢周围叫嚷，翱翔，被麻雀赶跑，死去的小鸟身体犹温。事实上我捡起它们时一只刚刚咽气，而且每一只身上都有被啄伤的痕迹。

绒毛啄木鸟

·第十二章

啄木鸟

* 靠近这个帐篷安置的地点有一棵不结实的枫树，树梢有一根枯枝，六只绒毛啄木鸟就把巢筑在这里。今天早晨下了约四英寸的雪，空气宁静，所以我能听到上帝赐予的这些小帮手在工作。于是我拿起斧子来到帐外，打算割几个样品，看看它们在干什么。在啄木鸟凿出来的洞眼三英寸上下把树枝切割下来，然后把这段割断下来的木头拍下照片。在我离开前自然我已知道它们在干什么了，我已经注意它们可贵的工作有二十多年了。照片显示雌雄啄木鸟在适当的地方钻出洞眼，用它们修长、锐利、有钩刺的舌头插进害虫蛴螬的身体，然后慢慢把它拉出来，首先是头或尾，我不知道是哪部分，树的生命因而得到挽救。

*

几年前，为了修建现在的住房而伐木取材，我锯断一棵橡树。橡树的直径超过四英尺。橡树的树心显示，一百五十多年前，在树的中心，小啄木鸟曾经把害虫的幼虫钩出，痕迹保留至今，如我今天拍下的照片上那么清楚。在我出生前一百年，通过它们的帮助，今天我家才得以有了按直径劈开一分为四的优良橡木作建材。

是的，照片使我比平常人更加严肃地思考我自己的所作所为。我曾经如此无知和无情，竟然射死这些可爱的森林小卫士之一，仅仅为了看它掉下来取乐，这难道可能吗?

有一个人人熟悉的古老箴言说：“同病相怜。”我的一位朋友就在昨天告诉我，他和他的雇工如何闯到后面的玉米田去打红头啄木鸟，因为它们拔他的玉米吃。在他们把所有被发现的亲鸟都打死后，此君建议把残株也砍掉以便消灭雏鸟。残株砍倒后，毁坏的鸟巢瓦解成碎片，雏鸟也摔死了。这些小鸟，它们的嗉囊每只都跟尖岩上的瘤相似，这些人决定要把它们的嗉囊割开看看每只内有多少玉米，但使它们大吃一惊的是，里面全是害虫的幼虫和小虫子，一颗玉米粒也找不到。

这两件事不过是两个很好的例子，说明过去我们人类对鸟类的无知。我还可以用一个星期继续列举这样有说服力的证据，关于我们美丽的长刺歌雀、草地鹨、歌鸫家族，以及成百的其他捕食害虫的鸟类。这全是它们的歌声之外为我们服务的成绩。它们的欢畅、清脆的啼声，如歌鸫飞过草地时唱的“江尼，为什么不补补你的裤子？”或者是猫嘲鸫[①]，这种鸟愿在你的后院高歌一曲，只要你愿意栽培一点灌

① 原文为Catbird，一译猫声鸟，美洲特产的一种鸫，以鸣声似猫叫而得名。

木丛。

这使我想起我的一位特殊的朋友，安格斯·伍德布里奇先生。他的夏季别墅离我家约三英里，位于伊利湖[1]北岸，占地不到二英亩，但他在他可爱的家宅周围所栽的灌木在第五个年头已经有了七十多个鸟巢，包括二十个不同的种类，其中一双旅鸽竟然如此大胆，把巢筑在他的窗台上育雏。善于模仿别的鸟类歌声美妙的棕鸫，也未能拒绝诱惑，在那覆盖着小小幽谷里的小径的野葡萄架上筑巢，那条小径是通向湖滨沙滩的。我提及这个事实的主要原因是要讲清楚，假如你愿意向前几步去跟这些美丽的小生物亲近，它们是会越过北美大陆来亲近你的。

---

① 北美洲加美边境五大湖之一，为两国共有。

紫毛脚燕

CHAPTER 13

·第十三章

燕子家族

* 照我的见解，燕子家族是我们北美鸟类家族中最可贵的，因为它们完全靠吃有翼翅的昆虫为生。在我下笔评说它们的价值之时，我要求你留意观察它们的聪敏。

*

二十五年前在我们的瓦厂一侧，我们盖了一个特别大的栅屋做风干成品瓦之用，它有两百英尺长，两层高；然后又加盖了一个一百英尺的机器棚，这样我们就有了一块超过三百英尺的上等地点供墨守成规、尾部如叉的家燕栖息。

这棚子耸立在那里，窗户老开着有好多年了，但没有燕子飞近。

在那段时期我读到了据我所知有史以来公布过的最初的狩猎法。《圣经·申命记》第二十章第六至第七节是这样写的：“你若路上遇见鸟窝，或在树上，或在地上，里头有雏，或有蛋，母鸟伏在雏上，或在蛋上，你不可连母带雏一并取去，总要放母，只可取雏，这样你就可以享福，日子得以长久。”我读了，试着去分析这两节话的意义，但是当时我理解力太差，不明白其中的道理。

后来，使我高兴的是，一天我去瓦厂，发现一双久已想看到的燕子在靠近棚屋的南端盘旋疾飞。已完成百分之九十的工作量的机器是在棚屋的极北端，南部只做风干之用。第二天早晨，这对燕子衔了一些泥粘在南端的第三对椽子伸出的部位上。它们把巢筑得尽可能离我们的工人远一些，然而又在同一屋顶下。这双燕子使我多么印象深刻地记住《圣经》上的这两节话啊。

后来，它们刚把巢筑好就开始产下了五个卵，同时出现了它们的死敌——家麻雀[①]，把巢毁坏了。随后我登梯爬到相当高的空中，再下来，拿着一支0.22英寸的小口径步枪，集中注意力瞄准这种特殊的麻雀。我很高兴能看到燕子重建了它们的家，并且生育下第二窝雏燕。在迁徙之前，它们变得很驯良，有时甚至明显不必要地对我们表现得更为亲近。

第二年春天有两对燕子归来，一对占住旧巢，但另一对筑的新巢离我们的房子大约更近五十英尺。我更加密切地注意家雀的动态，似乎它们的敌人一出现，燕子就向我们呼援：“救命！救命！”我总是试图赶到现场站在非常显眼的地方。那个夏天每对燕子都育了两窝幼雏，一共有十八只小燕。现在我们已得到了我们一直寻求的结果，燕子则显然

① 作者的原文为English Sparrow，为北美的家雀。

与我们想法一致，因为工厂里每个人都爱护它们，要是有家雀飞来，也熟悉了它们的求救信号。读者可能认为这听起来有点不可信，但是我愿意举出一个更有说服力的例子。读者说：我知道你有办法蒙蔽我，那么若有燕子的敌人接近它们时我就可以告诉你，若它们向我们呼救，为什么它们肯定知道我们是它们的朋友。

第三个春天它们归来的数量相当多，共筑了五个巢。第五年棚内的燕巢不下二十个。燕巢都同样美观。它们干脆放弃了南端，有十五个巢是在房子最繁忙的地点二十英尺范围内，这里人都在做工，有时直冒蒸气。毫无疑问这些天真无害的可贵的小鸟是来寻求我们的保护的。

我看见三只鸟儿一同停歇在一匹拉车的马儿的背上。我还看到一个挖土的人把手放在巢上，老母鸟只不过伸出脑袋看看，好像说："你喜欢我吗？"然而要是让一个陌生人走进黏土盖的棚屋，你便会听到几十只燕子齐声惊惶而可爱地高声喊叫。

另一个非常有趣的景象是，比方说，当第一个巢的亲鸟对着窗户冲进来，离巢五十英尺时，那个巢内的嗷嗷待哺的嘴会抬起来，证明每个巢的雏鸟在那个距离间只要一见亲鸟就认出自己的父母。

另一个使我感到满意的情景是差不多邻近的每个马棚现在都有燕巢。使人大惑不解的是：这些巢有什么好处呢？

对这一问题我们做了仔细的研究。很多次我会放一张纸于巢下，在雏鸟尽情吞食昆虫时，每二十四小时大约有一杯半排泄物扔到巢外。我看到我们的母牛和拉车的马，以及我们的一台自动启动器都躺在棚屋的阴处，要多舒服有多舒服，因为这里有一打燕子飞上飞下追逐每一只出现的苍蝇。

现今科学家告诉我们这些传染伤寒病的苍蝇是带菌的。既然这是事实，倘若燕子捕食带有那种可怕的疾病飞向你的房子的苍蝇，那么这种鸟类就延长了你的寿命。“这样你就可以享福，日子得以长久。”

近来加拿大这部分地区的燕子有六个不同的种类。紫毛脚燕是体型最大的，它的鸣声在北美大部分农家的周围都可听到，因为它非常易于被吸引出来。三十五年前，它们在加拿大为数不多，它们通常在啄木鸟遗弃的旧树洞里营巢。我知道有一个栗树树桩为几对燕子提供了一个度夏的家。但我见过的第一处饲养毛脚燕的鸟舍是在金斯维尔市雅斯帕森先生的房子上。然后有一位爱利奥特先生，他在湖畔开办了一家夏季旅馆，盖有几间鸟舍，挺成功。这使我很兴奋，因此我锁上放自动启动器的棚子，驱车去湖畔找爱利奥特先生。这位可亲的老先生说话时声音颤抖，他说：“杰克，我的房子周围有二十五至三十对，但男孩子拿枪打它们取乐，他们去湖边没有别的目的，只为了捕猎我的宠物。现在我只剩下三对了。我准备拆掉鸟舍，因为我宁愿不叫燕子来也不让他们打。”

问题在于，我如何能使燕子到我的住地来。我离湖有三英里，罕见紫燕飞到这里，最终我看到一份马萨诸塞州出版的小刊物，名为《我们不说话的动物》，上面登载着一则广告：“J.沃伦·雅可布斯，威恩斯堡，宾夕法尼亚，毛脚燕舍制造商，上周已装运三车。”那时我盘算不论在哪里看到，这些鸟儿都会认识它们的房舍的。我立即购买了一个有二十间小室的鸟舍，但是鸟舍送来后，大雁却继续占据了我要放鸟舍的地点，所以为了避免吓坏它们，我等到它们远赴北方，飞向它们的觅食地后才放置。在一九一三年五月二日黄昏，我把左邻右舍的男孩都叫来，把鸟舍放在一根十六英尺的木杆上。那天人们向我提出许多问题，例如“毛脚燕何时才来呢？”等等，这准使一位费城的律师困惑。

第二天早晨，我把挽具套牢，以免发生意外的麻烦，然后朝牲口棚的窗外看看，在大白天鸟舍是什么情形，说真的，我的呼吸差不多都停了，一双燕子正绕着鸟舍翱翔，一些小学生经过时，一边摇着用餐的小桶一边喊道：“杰克叔叔，”他们发出从内心流露的笑声，“有两只黑鸟围着你的鸟舍转悠啦。”

在不到一个月的时间里，已有十三个房间被使用。这当然教导着我们全体孩子，什么是紫燕。八月间我数了数，一次有六十三只围着鸟舍飞翔。

现在我已建成两个我称之为“燕堡”的鸟舍，但花了三年时间诱导燕子迁来。今天它们几乎都已抛弃原来的框形鸟舍，生活在“燕堡”中。事实上“燕堡”在春天较温暖，在夏天较凉爽可能说明其原因。但这种砖盖的鸟舍价格也高。

红头潜鸭

· 第十四章 打野鸭

* 下面的内容，我知道会使大部分读者听起来离奇，但实情是打野鸭比所有别的狩猎运动更令我喜爱。

*

不错，我曾经打过快捷的具有翎颌的松鸡，它有时被称为鹑鸡。当这种美丽的鸟儿从下层林蹿出来时我打过十一只，没有一次失误。

在北安大略我屡次因逆风拂面而失去良机，只好眼睁睁望着母鹿和幼鹿在山头静静地吃草。我曾经让寒风刺痛眼睛，正观赏着大自然美不胜收的风景，这时一头麋鹿从隐藏的地方徐步而出，嚼着细草，或者走向一棵小树去摩擦它多叉的角。它就在那里，完全未曾发觉一个致命的敌人，这个敌人放过枪后会摊开双臂，它的生死不过在一瞬之间。

神志威严的麋鹿[1]是我们加拿大的又一种美丽（我说它美丽，虽然我认为本来应该说朴实无华）的动物，我的步

① 本书所写的麋鹿是指北美麇。

枪不止一次可以决定整车这种高贵动物的命运。它们站在那里，看着它们的领袖死去，显然不知道发生了什么事情。

我曾经头朝前，屈身爬进一个荒废的旧熊洞，使我惊骇的是几乎与熊先生擦着鼻子。不用说我赶紧退身而出。这是在冬天，自然，熊正在冬眠。

另一次，在一个宁静结霜的早晨，我站立在一座山头上，应和一只大灰狼的嚎叫，使我开心的是它做了回答。接着，我用嘴靠地又模仿那孤独的怨恨的叫声，约一分钟之后它回答了。然后在几秒钟后我非常小心地发出另一声呼唤，当我检查和扳上扳机的时候，它又回答了。现在我肯定它朝我这个方向走来。我在那里等待了五分多钟，清爽的空气对我有利，每根神经都焦急地绷紧。就在我马上要转过脸发出另一声呼唤的时候，我看到了那只毛茸茸的极其凶恶的家伙从绿色的掩蔽物中冲出来，闯进约一百五十码远的有河狸的沼泽中。我把枪紧紧地顶住肩膀，从我唇间发出的一声口哨使它停下来，我非常满意地看到它纵身一跃跳到空中，正当其时那粒两百格令[①]的子弹把它的心脏打得粉碎。我提到这件偶然的事情是因为我们的大灰狼、大赤鹿可能被毒死，或落进陷阱，可是由于它的敏锐的嗅觉、听觉和偷袭力，极少的狩猎爱好者——是的，即使是非常有经验的、懂得设置陷阱

① 格令，重量单位，1格令约等于0.0648克。

的猎人——能用一粒子弹尝到打中它的快意。

可是尽管有这些经验，那是数以千计的狩猎爱好者向往的顶峰，我还是想不起什么事情能比用一批简陋的囮子打野鸭给我带来更实在的乐趣。在我尝试告诉你野鸭给我某种教训之前，我想让你浮光掠影地看一看我的哥哥特德和我打野鸭的真实情况。这可以回溯到我们的少年时代，那时从枪口装子弹，而用一块钱则可以买一条盖马的毯子。

不管怎么说，我们想办法把打野鸭的小艇划到了伊利湖的北岸一个叫作雪松浜的地方。这个地方在我们家西南方约五英里处。冬天我差不多每个晚上都削木头做一批囮子，特德则把囮子涂上漆。那个特殊的春天我们劈栏杆把一百英亩的灌木林给围起来。在一个星期一（那天大概是星期一）的早晨，父亲给了我们一个任务，一星期内竖起一定数量的栅栏。我们去了。星期五下午五点半我们完成了一周的工作，准备星期六去打野鸭。

晚餐后我们为早早出发做了一切准备。我们摇晃着火药筒里的火药，估计皮袋中的铅沙弹数量，明天活动的设想使我们的心情兴奋不宁，一个说："让我们今晚就到那儿去算了。我们可以在雪松林中点起篝火，在小艇下睡觉。"说完马上行动！亲爱的母亲不以为然，但她似乎无能为力。"好吧，"她说，"如果你们一定要去，我给你们准备一篮子吃的。""不必，不必。我们不打算一路带着吃的东西。只给我们一顿点心放口袋里当早餐就行了。”

说着，约在日落时分我俩每人带着六只木制的囮子，有的放在猎装口袋里，有的挂在脖子上。我们脚上穿的是旧式牛皮靴。我们出发后，用手摸索，沿着又软又黏、新修的黏土路前进。道路大部分都通过没有栅栏的森林。等我们到达预定的地点，我肯定那十二只木囮子比出发时更重。那是一个美丽的夜晚，还是新月，仰卧在西南方，那两只小小的明亮的尖角差不多勾画出一个满月的轮廓。想到当时的情景，甚至现在，我都能回忆起儿时姊姊为我唱的一支短短的甜美的儿歌：

啊，妈妈，今晚月亮是多么漂亮，
　它从来没有这么可爱，
两只小小的角，这么尖尖，这么光明——
　我希望它们不要再长！
假如我跟你和我的朋友在那里，
　我们会摇啊摇，摇得多舒畅；
我们要坐在当中，紧握两头，
　它会是一个多么好的摇篮！

我们要呼吁星星别挡住我们的路，
　不然会在他们的脚趾上摇；
我们会坐在那里直等黎明到来，

看着美丽的月亮哪儿去了。

啊，在美丽的天上我们摇啊摇，

穿过明亮的云朵漫游飘荡；

我们要看看日落，也看看日出，

在下一次彩虹出现时才把家还。

没过多久我们就寻路进入雪松林，发现我们的小艇还在原地。接着我们把囮子又带回到湖岸，把它们放在沙滩上。特德建议我们携带一点旧的漂流木。这些漂流木是用来盖我们的埋伏处，为早晨的狩猎做准备的。甚至这点我们也不满足，我们蹚水走进浅水区，把囮子分散扔出去。看着西沉的月亮在伊利湖有涟漪的微波上闪光，湖水的波纹在我们新上漆的囮子旁边荡漾，这种情景令人心旷神怡。然后我们再回到雪松林。

在那个时候大约有二十英亩的雪松林，有的地方二十五英尺外看不清人。我们选择的营地直径约二十英尺，三面为河岸环绕。河岸足有六英尺高，上面长着密密的雪松。在这里我们拾了一些小枯枝生起一堆火，然后我们把小艇拖来，把它侧转过来堵在火堆一边。我们又抱了一些木材。这些木材是用作夜间的燃料的。此后，又劈下大量雪松枝作床。这样一来，围绕火堆形成一个差不多完整的圈子，然后我们坐下歇息。黄沙是干燥的，黑夜幽静，微火使我们非常舒服。我们脱下靴子，放在我们的一侧烘烤起来。火光反射在牛皮靴上，尤其是我那一双靴子。虽然当时我只有十六岁，大致发育良好，体格结实。

特德认为他的靴子是法国小牛皮的。我说过我的靴子是母牛皮的。这使得哥哥拉扯着他刚刚长出的八字须得意地说："杰克，从这儿瞧瞧它们，你会想它们是老公牛皮的。"[①]

我立起身拿起一两根柴枝扔到篝火堆上，特德非常高兴地说开了："让我告诉你这使我想起来的事情。你知道前些日子一个晚上，我参加乡村舞会，遇到那些最甜的法国小妞当中的一个，我一直高兴跟她见面。她是人世间的一只真正的小鸟。我越跟她跳舞就越想跳。我开始想我真的拿着一只比脚还大的手[②]。后来我们一同站在角落里，等待轮到我们跳旋转舞时，她用肘推推我，我靠过去，她在我耳边说：'迈纳尔先生，你不认为假如拿你的母牛皮靴换一双轻便鞋，在这户人家的白桦木地板上跳舞才会轻松些吗？'"

下一件事情是吃午餐，所以上午就不必为它操心了。这件工作热心地完成，但在一个方面，节目总之又太短，我觉得那块冷冰冰的猪肉和大块面包可以用来敲打我坐的木头。不管怎么说，我们不得不满足于此。

当我们坐着看到火星在黑暗中消失时，听见了猫头鹰在远方的嚯嚯声。在我们的南面数码处是湖面哗——嘶——

---

① 大概是指更适合男子汉穿。

② 形容捡到一块钱好像拾到十块钱的高兴心理。

嘶——嘶的细浪声；在北面的沼泽则传来春天幼蛙咽咽的呜呼，仿佛是说："去睡吧。去睡吧。"忽然，特德的声音响起："醒醒，杰克！"果然，我们的周围已被大自然完全覆盖，连我的眼睛也被它合上，我自己都不知道。不久，风在雪松林间呜咽，我们可以感觉到在周围气氛中有一种变化，特德提议我们悄悄地到小艇下去睡一觉。所以我们尽可能把沙地上柔软的雪松枝弄得直一些，把小艇翻过来，爬到底下，用毛毯紧裹身体，紧挨在一起躺着。我侧身而卧，哥哥温暖的胳膊抱着我，但我的眼睛没有闭上，我想我看到小艇下面的灯了，我把它拧大了一些。特德首先说话："杰克，瞧，下雪了！"真的，那光景几乎使我怀疑我的眼睛，因为一切都盖着雪花，只有那一小堆将熄灭的余烬没有，牛皮靴都下满了雪。而更糟糕的是，风从北方刮来，雪依然在下。

我们尽量把靴子里的雪磕打出来后再穿上。在我一个劲吹火、顾不上烟熏着眼睛而想使它重新点燃时，特德把他枪上的雪掸掉，走去看了看囮子是不是安然无恙。我还没来得及使篝火冒出火焰就听见"砰"的一声。我只想到他是想办法弄干他的枪，但马上又听到"砰"！于是我掸掉我枪上和子弹袋上的雪，跟着他跑了出去。雪地上留下了新的足迹。我发现他非常兴奋。"杰克，快！野鸭成千上万飞来了！我来时已经有五十只或更多了，落在囮子当中。瞧！它们又来了。躲到掩蔽点里去，别让你的红头发露出来！"他不断把干火药用枪条捅进枪筒。当时有大约二十五只鸭子盘旋着准备降落，我们站起来向它们开火。掉下来三只，那是他打中的，我的老枪只不过啪啪地响。

特德一跃而起说：“在你的枪筒里装一些干火药，我去把小艇弄来。”正在我操作过程中他从雪松林边缘喊道：“杰克，准备好，它们又来了。”我把每根枪管都迅速加上火帽，但说时迟那时快，野鸭已飞到我头上。“啪！砰！”一只大雄红头潜鸭掉下来。特德把小艇扛在肩上相当快地跑来，一只手拿着一根桨。于是真正令人兴奋的事情开始了，重要的已经不是去找野鸭而是能有多快给我们旧式猎枪装上火药，点燃导火线。虽然有的囮子被雪盖了一半，可是正当我们站着装药时鸭子刚好降落在它们当中。雪花飘舞的空中似乎都是鸭子，我们开心地看到从一群中掉出来五只。

很快火药筒就空了，我们只好停止射击，但无论如何不能使这场好戏半途而废，我们躺在掩蔽点内，守候观察这些候鸟一群接着一群在我们的囮子中间停留下来，我确信有两百只以上的铃凫、帆布背潜鸭、红头潜鸭、金眼鹊鸭、棕硬尾鸭等等，都在我们的射程之内。

但如同别的欢畅时刻一样，这次的快乐总是有个收场。大约在八点钟，大风停了下来，天空晴朗起来，野鸭变聪明了，也稀少了。我们收拾起囮子，把它们藏在干燥的沙子里，小艇送回原处，上午十点左右，我们背着三十七只鸭子出发回家。

路上的雪现在几乎全融化了，使黏土土地泥泞难行，举步艰难，我们决定穿过森林和田野回家。但我们猎获的鸭子是个沉重负担，松软的田地使得行走不便，所以我们进展极其缓慢。我们愈是走下去，我们的步子就愈慢，体力也在渐渐下降。我们这时多么想望母亲要我们携带的那篮好吃的东西啊！末了，我们终于走完最后一段道路，下一栋房子就是我们的家。那些栅栏有的看起来是多么高，我们的肠胃确实太想吃一点食物了！《圣经》上说以扫为了一碗红豆汤出卖了他的长子继承权。[①]在我的身体内有一种如此疼痛的空腹感，使我情愿为了少量的玉米粥和猪油放弃我与生俱来的权利或者错误的出生。

随着我们走近家门，母亲出来迎接，她从眼镜框上面看了我们一眼，说："饿了吧，孩子们？让我替你们拿几只鸭子吧！打了几只呢？它们真漂亮！现在坐下来，孩子们，几分钟后我给你们把中午饭准备好。"就在这时，老钟打响了：三点。那么几英里路我们走了将近五个小时。

但是事情横竖一样，无论如何，这是一次真正的远足。上床时我记得母亲和妹妹们开始拔鸭毛了。等我再从老式的楼梯下来时已经是星期天了。

---

① 典出《圣经·创世记》第二十五章，以扫和雅各是孪生兄弟，一天以扫从野外打猎归来，又饿又累，恰好雅各在煮红豆汤就饼吃，以扫同意雅各的条件，以长子继承权交换红豆汤。

第十五章・
关于野鸭的知识与习性

在上一章我让你浅尝了一点老天爷允许我尝过的几次令人回味的狩猎乐趣。为了吃到香喷喷的烤鸭，要是可能的话，我很想在母亲打开旧式的高架炉门时放一点家常的调料到里面去。但随着我年龄增大，野鸭像其他的候鸟一样变得稀少了。不过我总是爱看野鸭，无论它们在空中还是在餐桌上。

一九〇二年四月，我获得了几只野鸭蛋，并且成功地孵出三只野鸭，两只母鸭，一只公鸭。但那还是在我修起一个人工湖之前若干年。修筑人工湖的费用比买鸭蛋花的钱多得多。然后在一九〇五年，雷明顿的福莱斯特·H.康诺弗先生送给我三只幼黑绿头鸭。那是用直接从沼泽中捡来的蛋孵化出来的。一九〇七年，我修建完成了我的第一个真正由泉水汇成的人工湖。我总是把我那些老鸟的羽翮剪掉或连骨剪断，幼鸟则通常成批卖给狩猎运动爱好者，但在一九〇八年我得出结论，看到它们自由飞翔更可贵，于是那年秋天，一群幼鸟飞走了。我自然也能想到它们去湖上被囮子引诱在某支连发枪的枪口前丧生的情形。

第二年春天，几只黑绿头鸭飞落在人工湖上，它们的举动与外貌都完全像上一个秋天飞走的那些，但问题在于这群野鸭是相隔若干天分别到来的，假如它们是同一批就会一齐飞回来的，所以我只好不那么认为了。它们挺温顺，跟我驯养的野鸭相处不错。整个情况就是如此。另一方面我内心也不同意它们是同一群，因为去年秋天飞走的幼鸭是不会识别敌人的，它们会被偶然碰上的头一个猎人打下来。

不管怎么说，在四月二十日左右，所有能飞的野鸭都飞走了。六月一个星期天的黄昏，我正敲着盛饲料的锡盘呼唤公园剩下的几只幼鸭来进食，我妻子的声音从屋内传来，她喊道："你的鸭子在外面啦。"我抬头一瞧，真的有一只老黑绿头鸭和八只大约半成年的幼鸭，正想法闯进大门。有几分钟我站着思量，完全不知怎么办才好。鸭子全在我脚旁围着转，这是什么鸭呢？再加八只小的，试了又试想闯进大门来？它怎么知道这里有一个大门呢？最后我走上去把大门打开，它沿着栅栏向北后退。大门是朝北而开的，但小鸭则向南走了几英尺，我在周围赶它们，它们列成一行，蹒蹒跚跚，沿着栅栏穿行而入。母鸭一看到它们全都穿过了铁丝网，它就从栅栏退后，像一只乌鸦一飞而过。落下来后它向儿女们说了些什么，接着全体走向水面。随后我回去收拾锡盘，如平常一样轻轻敲打着招引鸭群，这只母鸭真的马上赶来了，但它的儿女则留在后面，事实上它们没有出水。我再次敲打锡盘，它侧过头先用一只眼睛，然后用另一只眼睛看我，仿佛是说："你到底要折腾多久呢？难道你不晓得我是你去年养的一只鸭子吗？三月我就回到这里的家了，四月二十日左右我营巢去了，现在我把儿女带到了这里的'平安饭店'。"

我难以相信这个事实，但又不得不信，因为再下下一个星期，另一只黑绿头鸭，显然是它的姊妹，回家来了。一天早晨我起身时，它站在门口，带着它没有丈夫的破碎的家庭里四个小儿女，仿佛说："请您让我的孩子们进去，行吗？"不用说，它的请求马上得到了同意。

在不到两星期之内这些老鸭和它们的幼鸭全都用锡盘进食了。事实上我常把食物放在袋子里，老鸭爬上我的膝盖，把脑袋伸到我打开的袋子里去，然后把食物撒给小鸭吃。

我所知道的这个鸭子的故事，你们开始听起来可能有点奇怪，不过记住，我不过告诉你们它们如何难住了我，使我老实坦白我对它们一无所知。为什么这两只老鸭一定要带着它们的孩子（它们自然还不能飞）在大门口转悠，要求放它们进去呢？显然可以看得出它们有充分的思考能力，想到哪里有我们人进公园的地方，哪里自然有入口吧。

另外一个秘密是：它们是从哪里将孩子带来的呢？它们

是在哪里将它们孵化的呢？在回答这个问题之前要指出，只生下三天的小鸭，就能跑得如成年的山齿鹑一样快。

自从这件事情发生以来，我们得知有一只老鸭是在四英里外孵小鸭的，一星期之内就带着它们回来了。另一例是一位女士打电话来告知说，有小学生正试图在一条水沟内逮住几只幼野鸭，那只老母鸭足上套有标记环。在四点钟后打来的另一个电话说，那些野鸭离此地有一英里多，但在六点钟，母鸭与小鸭已到达我们的北湖，在水面飞奔捕捉蚊蝇了。

但或许我知道最有趣的情况是，有一次一个农民打电话给我，要我去他那里帮助他捕捉一只从他前方的红花草田里飞出来的跛鸭，他说它刚刚飞过栅栏，但是他无法逮住它。我完全相信，因为他在打电话请我帮助时还喘不过气来。这件新闻我觉得听起来挺好玩，于是我在几个小时内步行赶去，敢情这只他以为是跛足的聪明的老宠物已经带着它的儿女回家了。它是怎么应付的呢？原来，它跟这个有智力的农民斗智，使他以为它跛足，从而让他上当，一等他走开打电话去，它就飞进红花草田，呷呷地叫了几声把儿女从草丛里召唤过来，继续还家的旅行。但真实情况是，假如没有这个农民踩着它的小宝宝的危险，他是绝不会知道它在那里的。

我亲眼看见的有关野鸭最使人感动的场景发生在一九一三年。一只野家猫掠走了一只老灰鸭的七只小鸭。我不时听见它呷呷抗议，但我以为是鹰或黄鼬干的，便去寻找这个干坏事的恶棍。有人在附近扎草垛看见猫老太太跳上前捕捉最后几只小鸭的情形。老鸭的哀痛是令人同情的。它有两三天在四周又飞又叫，然后一天早晨我完全见不到它的踪影，我判断它飞到伊利湖上去了。但从工厂回家吃饭的路上我偶然想到，那只怀恩多特[①]老鸭孵的那窝蛋快出小鸭了，所以我跳过栅栏来到公园。在我走近老母鸭时它开始斥骂。我把它抬起来，它孵的卵只剩下两只，其余全不见了。它们哪里去了呢？我首先想到的是黄鼬，但当我转身从鸭圈返回之际，看到了灰鸭老太太的眼睛。它坐在鸭圈前的杂草上，离圈约四英尺，一动不动像一具尸体。我不得不搅扰它，因为在挨近它的翅膀处，从羽毛下伸出来一只玲珑可爱的小鸭的脑袋。这只既老又亲切的伤心的鸭妈妈一等那只母鸭把幼鸭孵出来立即偷窃了它们，并坐镇这里据为己有，它肯定知道那不是自己的亲生儿女，因为它的小鸭有十至十二天大了。我看着它的时候，心情如同我走过马路时遇到某个卷发的小孩像我的可爱的卷发小女儿一般。不久，我再度去看时，只有老母鸭孤零零地待在鸭圈里，另外两只小鸭已孵出来了，鸭妈妈带着那八只小鸭走了。它养育了它们全体，那只猫再没有来过。

另一件值得注意的事情是，我们这里是个不错的移民农

---

① 美国密歇根州的城市，这里是指该地出产的良种鸭。

业区。我家在伊利湖北面，距湖有三英里，在雪松浜东北约五英里。雪松浜是最近的天然沼泽地，适合野鸭栖息繁衍。有些聪明的老母鸭在这里生儿育女，要等到它们几乎完全发育长成时才把它们带回家。人很少发现它们，除非偶然在大的沟渠内。

有一个身高六英尺、个子很小的狩猎爱好者把玉米撒在一条流动的小溪里，以此引诱野鸭，这样就可以打它们了。一九一一年受难节[①]早晨，他成功地打到了一对。它们在他前面飞，他打死了母鸭，翅膀受伤的雄鸭落下来，躲进灯芯草丛中。在搜寻了整整半个钟头后他才去找他捕鸟的猎狗来帮助，这就让鸭子有将近一个小时的时间逃走。猎狗到达后立刻跟踪追击，但是追到一块犁过的田地就找不到鸭子的踪迹了。星期天后又过了一周，鸭子出现在公园大门口，想闯进来。它到这里距离一英里半，拖着折断的翅膀费了九天时间。最使它为难的是一粒子弹打进它臀部的关节。我抓住它验伤后放它在公园里自由活动，如预料的那样它并不飞走，而是站立起来去觅食。幸运的是它只有一根骨头折断，六个星期内它又能飞了，但它被打伤和配偶死亡的细节直到两年后我才听说。

另一桩值得注意的事实是，公园的大门离我们餐室的窗

① 复活节前的星期五。

户仅三十英尺。它们过去不可能有机会进入大门，可是它们总是到这里来找入口，可能因为它们看到我们从这里进去。在这个问题上这些鸟儿显示了它们的智颖，使我不得不相信一个农民在一次玉米种植大会上说的话。当时这个人站起来，摸摸胡子，然后举起右手，说道："我告诉你们，先生们，这个世界上有许多事情我们还搞不明白。"

有关绿头鸭的另一件趣事是母鸭的忠于天职和懒惰的公鸭游手好闲之间极端不同的差异。母鸭一旦开始孵卵，公鸭马上彻底离它而去，整个季节其余的日子它过着多妻的生活。事实上，它跟我们人类当中有些喜欢拈花惹草的人不相上下，因此那忠实的母鸭既要做母亲又要当父亲，既要坐窝又要防备敌人，既要适当喂食又要让它们温暖和躲避风雨。不错，它正如一个为了两美元被迫整个上午擦洗地板的忠诚善良的清洁女工，在回到所谓家的路上心甘情愿地拿出五十美分购买食物给正盼着妈妈归来的三四个以至更多的小宝贝吃，以解除饥饿之苦，同时那懒惰的二流子父亲则游荡到什么烟雾腾腾的地方去了，在那里跟人交换无聊的故事，对从污迹斑斑、肮脏的窗户外走过的某位女士指指点点。

第十六章·
鸟儿回旧巢吗?

"鸟儿年复一年回到它们的旧巢吗？"当人们就鸟类情况询问我时，这是一个比任何问题问得都多的问题，通常接下来就是"你怎么知道的？"于是我不得不拿出父亲的意见，"不谈这个"，谈谈天气或别的什么。尽管我心中确实有数，可是我缺乏证据。

一九〇九年八月五日，一只美洲黑鸭飞落在北湖我驯养的野鸭群中。我开始围着它转悠，想诱哄它不再飞走。我没有去接近它而是让它来接近我。我先是拿小食料用长柄勺扔给它，让它从这只长柄勺中进食。这只勺自然是先放在地上，然后再逐渐拉到我跟前，然后再放到我那平放在地面的左手上。同年九月十日，这只野鸭就从我的左手进食了。我们给它取名为凯蒂。几个月后凯蒂变得那么驯良，它会跟着我们到喂食以后我们常去的仓库。我在猎具箱的抽屉内翻寻，发现一块铝片，有四分之三英寸宽、一英寸半长。然后我用我妻子最好的一把剪刀上锋利的刀刃设法把我的邮箱地址刻在上面。接着我抓住凯蒂，把这块铝片套在它的一只后腿上。它在十二月十日失踪，一月我已收到下面的信。

安德森，南卡罗来纳

一九一〇年一月十七日

四十八号信箱

安大略，金斯维尔

亲爱的先生：

一月十四日星期五黄昏，我正在这座城市附近的落基河打猎，我打死一只野鸭，它的腿上有一个标记环，刻有安大略，金斯维尔，四十八号信箱字样。我料想把它放飞的人是想要听到它的消息的，所以我写信让您获悉它在何处死亡。它是个非常精美的标本。我必须赞扬您对它的评定，因为它飞到美国最好的州里最好的县。如果您愿意让我知悉您的情况，我将把从它足上取下的套环归还。所以希望您寄给我它的谱系。止笔，等您有新的消息寄来时再联系。

W.E.布雷谨启

我立刻致函布雷先生，他友好地寄还了标记环，它是我的标牌藏品照片中央的那一块。布雷先生声称这只野鸭飞到了美国最佳的地点，事实上安大略省的埃塞克斯县——这种野鸭的夏天之家——才是我们美丽地球的最佳地方，这自然包括整个北美[1]。

一九一〇年与一九一一年我都非常忙碌，我无意以套更多的标记环为乐，但在一九一二年我孵育了四只幼绿头鸭。不，确切地说，我没有孵育它们，而是偷了四只鸭蛋，那是一只母黑鸭跟一只灰色的雄绿头鸭交配而产，然后由一只母鸡孵出来的。在它们出生几天后，它们接受我为义父，这只老母鸡和我成功地饲养了这四只幼鸭。我总是在环绕人工湖的砖筑堤岸上的一个地方给它们喂食。鱼儿总是定时到这里来吃鸭子甩到湖里边的少量食物。由于我习惯敲打锡盘以招引野鸭，我也把鱼招来了。那是我们叫作美洲鲶鱼的一种鱼，约六英寸长，是一种细小的鲶鱼。看着它们沿着堤岸伸出水面等我抛食是挺有意思的，尤其是当我敲着锡盘走到另一面去喂食时，这使我想到一个人，人们问他："鱼睡不睡觉？"他回答："我还从没有捕获过睡觉的鱼。"

不管怎么说，小鸭想吃的一切它们都可以吃到，因为它们像蘑菇一样迅速成长。我给自己放一天假去底特律，没有别的原因，就是去买铁皮和一套模板。四只小鸭长大后，

---

① 黑鸭是北美的特产物种，故又称北美黑鸭。

每只腿上都套上标记环，上面刻有“请函告安大略，金斯维尔，四十八号信箱”字样。

我们给这四只鸭子取名为波莉、德莉拉、苏珊和海伦。在十二月五日前后它们不辞而别，第二天安大略茶坦姆的卢瑟福医生于安大略圣克莱尔湖的米契尔湾将海伦射落。

整个冬天我都在设法打听其他三只野鸭的消息。使我高兴的是，一九一三年三月十日，波莉回来了，十八日德莉拉也归来。苏珊虽然腿部与翅膀都严重受伤，但在三月三十日也呷呷叫着从天而降。我把它们一一捕获，检查标记环。在接下来的三个月我尽力诱导人们问我怎么知道鸟儿回到了它们的旧家。我有双重的证据：第一，这些鸭子是混血种，它们有黑鸭的胸脯、灰鸭的翅膀；但最重要的是它们腿上的标记环。

一九一三年那个夏天，波莉与德莉拉各自生育了一群儿女，但苏珊几乎整个夏天都留在医院。那年秋天它们又再度迁走。肯塔基州巴黎的诺亚·史密斯于一九一四年二月二十七日打下了苏珊。

这年三月十四日波莉回到了家。三月二十一日德莉拉归来，陪同它的是它的美国佬情侣，这个地方对它来说似乎好得令它不敢相信。在德莉拉愿意接近我的时候，它的情侣会在我头上的天空来回穿梭，但是最后它还是相信了德莉拉的话，下来向我求食。

那个夏天德莉拉生儿育女，波莉五月二十日回归时依旧孑然一身，但它曾经死里逃生，因为它的喙部分被打掉。这种情形使人怜悯。断喙挂下来使得它几乎不能进食，所以我拌了一些玉米粉并且堆积起来给它吃。最后我豁出去，抓住机会，把它残余的断喙剪掉，几天之后它好像可以自然地吃东西了。后来我逮住了这两姊妹，把它们放在一只线织的袋子里带到城里去拍照。我把它们放在桌上轻拍它们直到它们令人满意地安静下来，然后我退后，让摄影师拍下了一张照片。

我的孩子说波莉是把喙伸得太远才受伤的。不管怎样，它似乎认为那是一次侥幸的脱险。第二年冬天它没有迁徙，而是留在这里跟我们的家禽待在一起，但在一九一六年四月被一个猎雁者枪杀了。而德莉拉则继续迁徙，一九一八年三月二十五日第六次归来。那年夏天它养育了十二个儿女，顺便一提，这是我所知道长到成年的最大的绿头鸭家庭。我确定最后见到德莉拉的日期是在一九一八年九月。在那六年期间它把五批儿女带到我家，两次八个，两次九个，一次十二个。一九一七年它回家时孑然一身。

假定它的全部后代像它那样生育而成倍增加，六年之内会有多少“鸭口”呢？这是值得思考的。要是增长到数以千计，我们会受到鼓舞，造物主令人喜欢的、诚实的承诺增加了我们——他的儿女——对他的信任，因为他说：“总要放母，只可取雏，这样你就可以享福，日子得以长久。”[1]谁能要求更朴素地履行他的诺言呢？

假使有读者会觉得可能我在野鸭群中搞混了，这不是同一只鸟吧？我愿意回答，除开它是同一只鸭的其他证据之外（例如我们一叫它的名字，它就会来，然后从我们的手中取食，它特殊的标志，等等），我们每年都抓获它，并检查标记环。一九一七年春天在它第五次回归后，迈纳尔夫人捕获它，给它套上了新的标记环，因为旧的已经受到严重损坏。

在我进一步谈下去之前我请读者稍稍停顿，并对一个问题加以思考。请记住，这是一些野鸭，我们很可能认为它们头脑简单，然而事实是，有数以千计的猎人带着种种囮子埋伏在周围狙击这些飞鸟，而它们需要防御掩护，年复一年，它们以智取胜而生存下来。在它们回归的第一天即从我的手中取食，如果它们听任自己冒险进入猎人的囮子二百英尺范围内活动，几乎必死无疑。了解飞鸟的生态，研究自然，其乐无穷，你不会责怪我享受这一极大的乐趣吧？我挂起我的枪支，尝试用ABC的方式告诉你这些没有加工的事实，你也不会奇怪吧？让你的宠物年复一年回到你身边取食和得到保护，我不知道世界上最优秀的作家能不能让你体验一下这种令人快意之情。真的，上帝说：“我多次愿意聚集你的儿

---

① 见第十三章。

女，好像母鸡把自己的小鸡聚集在翅膀底下。”[1]这种体验使你几乎觉得上帝说这句话时你也在场一样。

另一件使我感兴趣的事情是：这些野鸭总是成群地离去，单独地归来，除开那些带着配偶成双的。我从未见到两只有标记环的一同归来。一九一四年我替十二只挂上标记环。一只在路易斯安那州被打下，一只在田纳西州被打下。一九一五年春这一数字逐渐增加，直到三月二十八日，有六只蹲坐在环人工湖的砖岸上，腿上套有明亮的标记环。一九一五年秋天我挂了五十五只标记环，一九一六年春它们几近一半都回来了。一九一九年秋我捕获了五十四只，全都套上标记环，其中二十三只的标记环是以前套上的。

---

① 引文见《新约·马太福音》第二十三章第三十七节，原文稍有不同。

第十七章·
作为传教信使的飞鸟

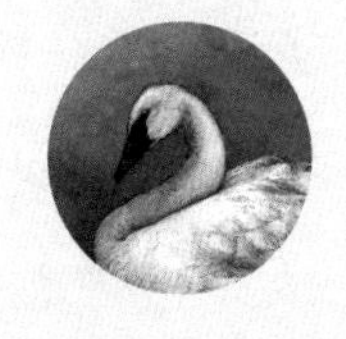

自一九一五年以来，通过把节选的《圣经》诗句刻在标记环的空白面，我对追踪飞鸟的方法增加了不止双倍的兴趣。现在谁要是有幸获得一只套上我标记环的鸟儿，那么那个人就可以得到一行《圣经》的诗，不论他需不需要。没有害处，但自然也有例外。万一你没戴帽子出外打猎而打下一只带有标记环的肥雁，再一看，发现上面刻着："就是你们的头发也都被数过了。马太福音10：30。"[①] 倘若你不认为这只雁是有意赐给你的，请把标记环套回雁足，并将它送给别人。

不管怎么说，我觉得我应该首先解释我如何得到这种莫大的好处，而不要只顾写下去。

一九一四年秋天一个星期六的下午，我正站在金斯维尔这个小城的一家鞋店里跟两位体面的先生说话，这时一位穿

① 引文前面的一句话为："两只麻雀不是卖一分银子吗？若是你们的父不许，一个也不能掉在地上。"意为神洞悉一切，一切皆为神意所赐。原文稍有不同。

着朴素的救世军[1]姑娘走到我们跟前，拿出一小卷东西递给我们说："买一本日历吧，先生，买一本日历吧！"我碰巧是最后一个拒绝的人，但是在我摇头的时候我看了一下现场的情况，我们三个人都穿着相当暖和的大衣，而这个姑娘则穿的是我认为的夏装。她刚要转身离开时我说话了。她立即转过身来，面呈微笑，把手中的纸卷递给我，而我则把一个二十五分的硬币放在她伸出的手上，漫不经心地把她卖给我的东西塞在外套的口袋里。以后我再没见到她。

不几天之后我注意到，在我的餐室墙上挂着一幅美丽的画，它的封套十分吸引我，所以我起身向画走去，提出好几个问题来问迈纳尔夫人：你是从哪里得到的？谁弄来的？原主是谁？迈纳尔夫人转身回答："奇怪，你自己带回家，我们在你的大衣口袋里发现的。"

这时我开启封套，发现里面的日历，每天附有一首诗，让我思考如何度过一年的每一天。第一首是这样的："从今天开始，我愿祝福你。"

于是我一首首读下去，读了一遍又一遍，我读到许多许多令人鼓舞的诺言，似乎使整个房间洋溢着直接出自上帝的爱心的福音。

我内心自然而然产生的想法是我如何把它继续传递下去

① 英国知名的慈善团体。

呢？我决定从中选择当时切实打动我的那些，编成一个小册子，作为圣诞祝愿的礼物赠送给我的朋友们。

那个星期我们烧出这个季节的最后一窑排水瓦。我的习惯是在一点开始工作，我的大儿子负责夜班的第一阶段，我则每半小时值班烧火，这要费十至十五分钟。然后我远离炎炎的火焰，把双脚搁在一辆手推车上，靠着旧椅子休息。钟挂在有光亮的地方，我认为一次有十五分钟休息是舒服的事情。我把毛毯披在肩上惬意地靠着。

在一年之中，这时的早晨既温暖又美丽。事实上公园的人工湖没有全部冻结，鸭和雁依然在湖面游憩。寂静时而被栖鸟打破，这是大自然开始新的一天的信号。在我脸部上方的天空显出黑里带蓝的色泽，千万颗耀眼的星星一亮一亮，每颗星星都直视着我的眼睛。我——可是孤零零的。我挑出四颗明星之间的一块空间，试着计算在这个小面积内的暗淡的星星，整个天空好像由于无线电的通信而开放，我的心房则是一个中心站。

我说过我是孤单的。是的，我孤身一人跟神为伴，神是我全部成绩的基础，在北方的荒野单独和他相处，他一次又一次听到过我严肃认真、词不达意的请求，在我的力量和能力都支持不下去的时候，指引我找到我迷途的伙伴。是的，当夜色浓如墨，疾风骤雨把我周围的树木刮倒，他引导我平安地回到搭在小河旁边或者湖畔次生林中的帐篷。是的，我单独跟那同一个伟大、充满爱心的全能的神在一起，他使千百万赤足的少年成长为真正的人，即使在父母仁慈的教导失败之后。

就在这时，我听到一群野鸭的翅膀唰唰挥动的声音，还有它们降落到约二百英尺远的人工湖上发出的低低的呷呷声。那个时刻我的想象显然已飘荡到我从那个救世军姑娘手中买到的三百六十五篇祝福词去了，像一颗流星越过天空，上帝的无线电广播在说："把这些诗篇刻在鸭和雁的标记环空白面上去吧。"

我把毛毯从肩上甩下来，一跃而起，因为现在我已经使我的标记环的方法完美无缺了。

一周里，空中的候鸟就带着上帝的教导飞行了，六个月之内，它们把这些话从阳光明媚的大西洋之滨送达哈得孙湾遥远的印第安人与因纽特人那里。今天我可以毫不犹豫地说，我掌握了北美大陆任何人或团体所没有的最准确、最有趣的给飞鸟套环的办法，而标记环上面所载的诗篇使这种趣味不止增加一倍。

这把J.W.沃尔顿牧师引到了我家。沃尔顿先生是哈得孙湾东岸的一个英国圣公会教士，他的传教生涯达三十年以上。当他和我在我的院子里握手的时候，我们不得不相信我们是由空中的飞鸟介绍的，因为他的介绍函是几块几年前我放飞的大雁的标记环。大雁遭因纽特人捕杀，他们把标记环拿给这位先生请他解释。

标记环也带给我另一封从遥远的北方来的信，这封信异常有趣，内容如下：

> 我不得不承认我耽误了，我早就应该把这块标记环寄给您。希望我不致给您造成不便。
>
> 在这块标记环上的经文段落使我充分认识到上帝的力量，以及过去意义的十足分量。我本来愿意常说："到我后面去吧，撒旦。"也愿意由此成为胜利者之一，但遗憾的是，在大多数情况下结果适得其反。不过可以放心的是，您的启示做了某种好事。

一只在路易斯安那州遭到猎杀的野鸭带给我三十九封有趣的询问函。其中有一封寄自阿肯色州州立监狱，内容如下：

> 我的姓名是××。我的室友姓名为××。我在这里的原因是从银行透支；我的室友，他正坐在我身旁，入狱原因是谋杀。我们这里有一份报纸，载有一篇文章，讲一只足上套有标记环的野鸭在路易斯安那州被猎杀的经过，标记环上刻着"对上帝要有信心"的字样。我们在我们的《圣经》中找到这句话，发现引文是正确的。我们很盼望得到您的复信，从而知道更多有关您和飞鸟

在一起生活的有趣情况。假如您认为给我们写信不合适，我们相信您从这儿得到来信也不致生气。

——敬启

阿肯色州州立监狱

在我制作由野鸭带走的标记环时，我几乎没有想到这些启示会有机会进入监狱的牢房，并且寄往一个杀人犯的内心里。

第十八章·
野鸭如何掩藏它们的巢

❋ 在我们的鸟类中可能没有一种鸟会比野鸭更好地掩藏它的巢。这也许是由于它不得不既要做父亲又要做母亲的缘故。

❋

首先它要选择一个树荫和枯枝杂草跟它的羽毛颜色完全一样的地方。有一次我发现一只黑鸭[①]的巢恰恰在一棵橡树墩旁，这个树墩部分给烧焦了，如木炭一样漆黑。确实，要是你不细心，由于它的颜色跟树墩完全一样，你会终日看着它而未曾发现它。

是的，我知道有许多人会说："啊，那不过是偶然。"我马上在这里告诉你，那不是偶然。这是一种帮助这些生物在野外生存的天赋能力。人要掩藏任何东西都无法比野鸭把它的巢掩藏得更好。一位聪明人有一次问我："我在打雁时如何隐蔽？"我告诉他，我用毛毯盖着。几个星期后我看见

① 这里是指美洲特产的一种野鸭，全称美洲黑鸭。黑不仅是指它的羽毛的颜色。学名Anas Rubripes。

他打猎回来，带着一条盖马的红色毛毯。

在选好地点后，母鸭先要收集一些树枝杂草等等，但它把卵产在光光的地上，深夜才去巢中休息，早晨星星消失之前又早早离巢而去。一旦等到乌鸦在空中巡游，它便回到巢的附近。我见到过一只野鸭和一只乌鸦一天之内发生三至四次空战。当然两只乌鸦对付一只野鸭，它就无法抵挡了。

从它产卵的时候起，每次在离开之前它都用草和小枝把卵覆盖，使之受到一层薄霜的保护，因此不仔细搜索是绝对看不见它们的，如同我们有时在母鸭离开后所发现的情况那样。当产下八至十个卵时，它扯下它胸前的羽绒掩盖它们。这时便产生一个问题，它怎么能把卵挤放在羽绒内，用树枝和草覆盖起来而不留标志，但又表明那是一英里内的一个鸭巢呢？这无疑是一项机敏的工作。

在开始孵卵后，野鸭白天难得离开它们的巢。我常常到北湖去，守望它们回家进食。通常进食是在薄暮或在黎明时分。这不得不使我认为它们有时整夜不吃不喝。不管怎样，我发现了这只母鸭的巢，极热的一天我看见它在湖上，所以我利用这个机会悄悄带着照相机拍了两张鸭巢的照片。一张显示巢在何处，但我怀疑读者能否指出地点。我拍了一张后撤掉羽绒等掩盖物拍下另一张，这当然揭开了秘密。母鸭把羽绒细心整理好，紧紧围着卵，使温度不致散发。然后它把柴草放在羽绒上后一切都安排妥当，这样，如果它认为没有问题就可以不必二十四小时都守着了。

是的，我们人类制造出保温瓶是一大发明，那么对于空中的飞鸟来说，这一发明既像这个美丽的地球一样古老又常新。

如果雏鸭孵出后长到可以自行捕食昆虫，母鸭可以带着它的这群可爱的小家伙出发，摇摇摆摆地排成一行回家，它知道在那里可以得到帮助，来抚育它的儿女。

它的羽毛稍微有点零乱，但这是野鸭带孩子的方式，它知道正在去公园的途中，那里在它需要的时候会得到食物和保护。我觉得那情景看起来挺美。

第十九章·
我那最后的、出色的宠物鸭家族

* 目前我自己只有一只灰鸭，它被割断了翅膀在公园生活。一九一九年春天它跟一只飞到此地的雄野鸭成为配偶，营巢成家而产下十一只卵。

*

公园里我有一对埃及雁，就我所知，在全球所有蹼足类魔鬼中，这些埃及雁是最坏的。我十分清楚，绝不能让这只母鸭在此地生育，所以在它孵卵前数天，我偷掉它的卵，让一只家禽去孵。它孵育出全部十一只，大约二十四小时之后我把小鸭迁到北湖，关在约两平方英尺的活动场内，就在它们的义母眼前。第三天我悄悄地撤掉三面的木板，给它们自由，当然，让母鸡留在永久的鸡棚内。因为小鸭头一回见到水，我坐在一旁守望了八分钟。后来它们排成一行沿着人工湖的斜岸左顾右盼慢慢走到水边，停下来几秒钟，然后突然如预料中可能发生的事情那样跳进水中，恰似十一只青蛙那么迅速，有几只游到离岸达十英尺远。

头一个星期，我用少量牛奶蛋羹喂它们，然后逐渐换成麦片，我把食物扔到浅水中，所以它们得踮起脚伸长脖子去取食。

小鸭长得挺快，但“十三”[1]对它们是个不吉利的日子，因为一只乌龟偷吃掉一只小鸭。幸运的是，另外有三只野鸭也在一起抚养儿女，所以这些老鸭发出警报，我及时赶到，看见小鸭被害，但另外十只得救了，绿毛龟吃了它的最后一餐。

还没有过一星期，我又听见那几只老鸭惊惶的报警声。我匆匆赶到，阻止了另一只突然袭击的乌龟的谋杀，但这一次我的神经不是很沉稳，没有打中它的脑袋，子弹打裂了它的背甲，水漏进身体，最后慢慢使它不堪忍受，只好竭力爬到岸上来。

大约一星期之后，我又听到那些老鸭求救的呼唤：“救命！救命！救命！”这个叫声直等我拿着闪亮的步枪跑来才停止。鸭子都站在岸上，最关键的是，我的十只小鸭听到警报也从水中上来了：大大小小四五十只鸭子都踮起脚，每只都用一只眼睛直望着湖心。我藏在环绕人工湖正在生长的裸麦地里。后来鸭群中有三只冒险跳入湖中，在我前方约二十英尺。刚好在我准备撤走时，三只鸭子抬起脑袋喊道：“呷！呷！呷！”迅速向我游来。它们的小儿女在岸上正用嘴整理着稚嫩的羽毛，我看不出发生了什么事。可是它们继

---

① 西方人习俗忌讳“十三”。

续报警，仿佛是说：“它在那里！”究竟出了什么事呢？最后我发现一个比普通的豆子大不了多少的小黑点投影在平静的水面上。我密切地注视它，黑点继续扩大直到我确定那是旧式四足潜水艇的潜望镜——一只乌龟的脑袋。鸭群使我的神经高度紧张。我想开枪瞄准射击。当这个黑点浮出水面有我的两个拇指那么大时，我慢慢扳上我的强火力步枪的扳机，瞄准后扣动打个正着，此后我再没有看到那只龟的脑袋了。

不过有趣的事情还在后头。这三只我在一九一六年套上标记环的老鸭曾迁徙飞走，据我所知又三次归来，它们无疑多次被人击中过，其中一只老鸭脚的一部分被打掉了。可是这次枪声就在它们头上响起的时候，它们没有一只试图起飞而是全体冲向枪口。这不过是显示它们知识的一个开头，因为十分钟后每只鸭子又带领它的儿女径直跳入水中。它们是否知道我已将乌龟打死，或者是否前两次所产生的平静与安全给予它们信心投入水中，我不知道。事实只是，它们确实是因绝对平安的情况而走出来。再说，我也没有证据打死了乌龟。但是我要接着把故事讲完：天气非常热，第二天十一点左右乌龟冒出水面，但脑袋没有了。

好，回到那十只小鸭去吧，我试着让它们像在老鸭抚养下一样快地成长。换句话说我跟老鸭赛跑，但我像父亲的快马一样，快得迷了路。幸运的是，一天它们跟着我朝房子走去，发现了桑葚。这些树的树龄只有五年，因此桑葚不多，但是小鸭还没等到它们多到垂地已把它们吃了个精光。我让老鸭也去吃一些，鸭子吃得多，桑葚生长赶不上。有三个星期它们没理会我，但随着天气变得干热，桑葚不再长出来了，我们称之为桑家的这群鸭子又高兴地回到了它们的义父身边。

它们是在五月二十四日孵化的。八周后的那天，它们起飞越过人工湖，距离足有二百四十英尺。九周后它们飞过整个房舍，包括瓦厂七十五英尺高的烟囱。十月十四日，我们一只只抓住它们，为它们套上标记环并取名。我给每只鸭子套了两个标记环以便看看有多少只能在春天回归，没有捕获的又有几只。一个是我通常套的；另一个是较狭的小牌，刻有这只鸭子名称的首字母。它们的名称如下：

约瑟夫·莫尔伯利①	阿格尼丝·莫尔伯利
伍德罗·莫尔伯利	路丝·莫尔伯利
约翰·莫尔伯利	玛白儿·莫尔伯利
特奥多·莫尔伯利	佛露茜·莫尔伯利
彼得·莫尔伯利	耐莉·莫尔伯利

① 莫尔伯利（Mulberry）意即桑。

八月，人工湖干涸了，我们的大部分野鸭都飞走了。安大略金斯维尔的威廉·斯克拉契先生，在九月一日于雪松浜击落了特奥多。后来，有七只在十月回归，又在十二月二日全部迁徙。十二月十三日约瑟夫被俄亥俄州哥伦布市的奥古斯特·霍尔斯坦先生击落。霍尔斯坦先生是在该城附近打中那只雄鸭的。一九二〇年一月三日，南卡罗来纳州查尔斯敦的H.C.雷定先生在该城附近杀了玛白儿。当年春天至少有五只归来，但奇怪的是，其他几只发生什么情况我毫无消息。

我乐意保存鸟类不同的家族史，对你来说这似乎很离奇，不过假如你也这样做，我确信这比你追寻你自己的家族史还要有意思，因为在追寻鸟类历史时我们不那么容易发现我们希望知道而又从不知道的事情。

第二十章・

野鸭短暂的亲情与爱情

* 最近几年我收到了不同的人从美国寄来的信，询问野鸭的生态，我许诺在本书内进行答复。

*

是的，野鸭，以及大雁每年都要换羽，几天之内它们的翼羽全部脱尽，使它们四周至六周无法飞行。它们按身体强弱不同在这段时间内先后长出新的翼羽。

夏天几个月内雄鸭无事可做，它们在六月下旬换羽。它们的羽毛长得极快，通常约一个月后即可再度飞行。但野母鸭，如我先前谈过的，是地球上最忠实的母亲，为它们的儿女而不顾自己，它要在幼鸭完全长成，至少能飞行两周之后，才进行换羽。然后它的翼羽全部脱落，因为它不能跟儿女一同飞行，它们都离它而去，远走高飞。它则悄悄躲在灯芯草间，人难得见到，直至它能再飞为止。这时儿女们已完全把它忘记。我从来没有发现它们此后关心过它，事实上，它们倒是对某只雄鸭非常关切，后者可能是它们的父亲。十月开初，整个家庭可能分散到四面八方，互相成为相当陌生的鸟，难得有两只在一起。这一点明显地由带标记环的野鸭在一群数百只野鸭中到处分布得以证明。进一步的证据是全美只有一两位狩猎爱好者报道曾打死多于一只带标记环的野鸭。他们常常会说：“一群野鸭来到我们的囮子当中，我们打死如此之多，其中这只套有标记环。”如我在前面声明过的，我们从未见到两只带标记环的野鸭一同归来。

我们常常听说狩猎爱好者九月一日便在沼泽地寻觅不善飞的野鸭，明显那是指幼鸭。我一辈子也没见过在那个日子不能飞的小鸭。它们通常到七月二十日就能飞了。有时候老鸭会产第二窝，倘若第一窝被毁的话，这个时间可以向后推五至六个星期。在九月，人们看到的不善飞的野鸭是老鸭。我们有过一只野鸭名叫“老瘸”，它的一只脚部分被打掉了。把儿女抚养成年后它才换羽，我看到它飞行时已在十月五日了。

一位先生给我写道：“若一只雌鸭丧失配偶，它会在那个夏天再度择偶吗？”

这完全取决于鸭的品种了。北美鸳鸯，如果配偶之一被猎杀，那么另一只至少该季度不会另找，但黑鸭与灰鸭第二天就会去求偶。我知道一只黑鸭孵出幼鸭，有的是黑鸭，有的则是半灰半黑，全是从它自己的一窝蛋中孵出来的。

在春季的几个月里，人们常常看到三只鸭子一同在整个沼泽地飞来飞去。这是一对鸭子外加一只外来干扰的雄鸭。我从未见过这种鲁莽凑合的一夫多妻现象。还是少说为佳吧。

第二十一章·
野鸭的迁徙

* 自我开始为候鸟套上标记环以来，我对此不仅乐此不疲而且兴趣日益增长，但现在我仍然满怀着尚未满足的要飞遍北美的雄心，因为我不能把标记环套在所有的候鸟足上。开展这项活动以来，我总共给四百五十二只野鸭套上了标记环，我很满意北美各地狩猎爱好者在他们的来信中所表现的兴趣及其全部意义，他们在不同的射猎地打下了这些带标记环的飞鸟。

*

值得注意的是，这些来信在语气上是多么不同！通过来信人的笔迹以及信中讲述他们如何猎捕那只鸟儿的经过，或者它如何被一只麝鼠夹套牢，这些人向我们展示了他们是何等样的人。“我在禁猎期打下了这只野鸭。”这自然是他们令人不解的说话方式[1]，但关于禁猎的规定，一位先生却是这样写的：“我是一名执法官员，前些日子的一个晚上，在我值班时，我正追捕两名渡河逃走的威士忌酒走私分子。

① 指为什么要在禁猎期打猎。

我命令他们停下，但他们不听，所以我对空鸣枪警告，不料却打下一只带标记环的野鸭。”

我很想把这位“执法官员”跟我们这个小城的一名“侦探”对比一下。此人有一回去猎野鸭，转天有人问他：“运气如何？”他回答：“一般，不好不坏。你知道我的枪是老式的前装枪。刚天亮我去了雪松浜，一看，有从来没见过的最大的鸭群径直朝我飞来，所以我蹲在灯芯草丛里。它们飞过时我站起来，对着最密集的地方瞄准开枪，两管枪筒子弹都飞快打出去，打下二十七只。真的，假如枪不错，我知道本来可以打一千只。”

另一封信写道：“我希望我能打更多的野鸭。整个早晨我都在野外，只打下二十四只，其中有一只是带标记环的。你打的情况如何？”

最糟的是一个受过良好教育的人，他从未写过什么，但我一位朋友看见了那只鸭子，他给我报道了这个消息，我写了一封信去询问，也没有收到答复。我第二次写信给那位博士，并附寄了写好复信地址的一张明信片，这才得到回音，简短地承认了这件事。

但像我一生中所有别的事情一样，随风吹到我前进道路上的好事，也在其中带给我完全出乎意料的东西，我收到一些最美好的信件，它们出自敬畏上帝、充满爱心的人的手笔。

有一位寄信人说：“我收到您套在鸭足上的祝词。它完全出于私人的善意，由于您寄来，使我对您产生由衷的敬爱。请您允许我将它保存，可以吗？”他的要求自然愉快地得到同意。祝词为：“他顾念你们。彼得前书5：7。”

一位女士写道：“我的孩子打中这只鸭。谢谢您的祝词，它使我们成为朋友。”

一位青年军人写道：“‘山姆大叔’号召我参军，我必须响应。假如我活着回来我将乐意去拜访您。您将收到我附寄的从鸭足上取下的标记环。再见。”我察看这个标记环，发现它已由这只鸭子携带一年多了。在这位年轻的军人走上早已浸透了人类鲜血的战场前，他在外出休假的最后一天将这个标记环交给了我。上面的文字是：“因我活着就是基督，我死了就有益处。腓立比书1：21。”

下面是一封阿克斯比博士的来信，对我归还标记环的要求进行了答复。我知道博士会原谅我复印他的原信，同类的信我有数十封，但他的信是我所见的第一封。

杰克·迈纳尔先生：

我收到了您的有趣的信，并向您保证我们很高兴世界上有您这样的人，同时将努力记住您对野生动物的兴趣，克制自己以符合您的愿望。

祝您度过一个幸福、兴旺、平安的一九二〇年，未来更是如此。

附上所发现的标记环。

J.L.阿克斯比（博士）谨启

一九一九年一月一日

下面的信会使人认为还有不曾被比利·森戴[①]访问过的州，尤其因为《圣经》全部的诗句已刻印在标记环上。

四十八号信箱

安大略，金斯维尔

亲爱的未曾见过的朋友：

套在野鸭足上的标记环载有这些字样：

犹大书1：21[②]。我不明白它的意义。

希望得到您的复信。

C.H.谨启

荷里·格罗夫，阿肯色

一九二〇年五月三日

① 威廉·阿什利·森戴（1862—1935），美国基督教布道家。此处指犹太人未曾听说过他的布道，不知标记环上的祝词出自何处。

② 《圣经》原文为："保守自己常在神的爱中，仰望我们主耶稣基督的怜悯，直到永生。"

四十八号信箱

安大略，金斯维尔

您套有铝环的雄绿头鸭几天前在此地附近被猎杀，标记环的一面刻有下列文字：“请写信寄给安大略，金斯维尔信箱四十八号。”另一面刻有：“神凡事都能。马可福音10：27。”我们在阿肯色州小石城的《阿肯色民主党人》报上登载了启事。

每年十月一日左右这些野鸭开始飞到本县来，它们以玉米、橡实和其他种子为食。有些年代它们数量非常之多。我们也有少数大雁，它们从现在直到三月下旬陆续迁走，没有一只留下，当然严重受伤而不能长途飞行者除外。

请写信告诉我：您在何时给这只野鸭套环的？您套环时它的年龄多大？它们在夏天几个月内是否待在您的地区？请来信告诉我有关它们的情况。

若干年前我们叫沙丘鹤的一种鸟大批飞来经过此地，再往南飞。我只见到一只停落。它约六尺高，微褐色。它们有好几年没有经过了。它们是属于你们地区的鸟类吗？它们的情况怎样了？

T.G.特赖斯谨启

一九二〇年二月二十八日

第二十二章·
鸟儿有嗅觉吗?

* 这是所有爱鸟者迟早都无法回避的想法，虽然我们不能像泰勒斯·考布[①]那样成功地偷垒，可是若我们研究猎物，观察鸟类，如同掌握了高飞球，肯定是不会失误的。生活在乡村的人很少没见过乌鸦在它们觅食时做出某种奇特的动作。

*

多年前六月间炎热的一天，我和哥哥特德正在房子附近进餐，这些老谋杀犯之一恰好在我们房子的东面约二百英尺处悄悄地飞过大路。它在约三杆远的田野非常突然地划出一道向后转的曲线，盘旋约一秒钟，然后又扑翅向栅栏飞回，停落在很高的栏杆之后，它甚至不愿费时间看看周围，而是立即跳到稠密的开得如栅栏一般高的一枝黄花丛中。那一瞬间我立即光脚跑去拿枪，说时迟那时快，我已装上子弹去迎击它。我及时跑到那里，长长地吐一口气，乌鸦刚好叫出一声“呱”，从杂草里飞出来。我的脸庞由于拿着枪一路跑而

① 泰勒斯·考布（1886—1961），美国职业棒球运动员，其偷垒纪录保持到一九七九年才被人打破。

变得通红。乌鸦冲着我飞过来，我带着微笑开了一枪。乌鸦掉在大路边，但羽毛很大一部分飞散在空中。我们拾起它，从它嘴里吐出四只未出壳的歌雀。

经过勘察，我们发现在栅栏角落，乌鸦的身边有一个老树桩，两枝突出的树根从中部支撑着它，它的顶部离地约六英寸，就在树桩下面，歌雀的空巢安顿在树桩裂缝内，完全隐蔽。

由于老鸟就在我们附近啁啾，在我和特德之间展开了一场真正的高声争论，争论的问题是这个巢的位置乌鸦是如何断定的。特德的第一个问题为："杰克，你不知道鸟是可以嗅出气味来的吗？"我哈哈大笑，他说："你认为它们的鼻孔是干什么用的？"

他坚持认为，这种在地上营巢的鸟整个早晨一直在坐窝，而当一天气温最高时，卵变得过热，母鸟离开去乘乘凉，这时乌鸦先生飞来闻到了歌雀卵的气味。

我不理会这样的论点，这显然使特德的神经紧张。他说："你等一等。"说着他走到地里拾起一块扁平的石头，直径约八英寸，放在鸟巢上方的树桩上。接着他拿出一小把火绒，稳当地放在石头上。由于天气非常炎热，火柴一点，火绒立刻烧出烟雾。而随着烟雾升到空中，它飘到了乌鸦突然转身的地方。[1]“瞧，”特德说，“你满意了吗？”他拿开上面有火绒的石头，远离栅栏，把火扑灭。但我们仍旧没有证据说明乌鸦闻到了鸟卵的气味。然而我们绝对肯定它不能也没有见到雀卵，那是它从栅栏上下来飞进杂草时才见到的。

从那次以后我一再注意到乌鸦和青铜鹩哥能判断出我们认为它们无法看见的鸟卵所在地。

但我认为是红头美洲鹫向我们提供了最令人信服的证据，证明它们能用鼻孔断定食物所在的地方，我们确实知道它们会飞行好多好多英里而来，不是为了腐肉，而是为了新宰的牛肉。

这里有一个事实供你分析：去年六月一个星期天早晨，我按工作时间起身，溜达着去后面的北湖。不知什么缘故，我忘记给一群约四周大的幼宠物鸭带食物了。我到达时它们迅速向我游过来。我没有饲料，因此拾起一小团粗泥向湖上扔去，小鸭都朝泥土游过去。当它们蜂拥冲向前时我跑掉了，用迂回的方式走回住宅。首先我穿过那片新开辟的约四百英尺宽的土地，在这里我新栽上了树木，树与树之间相隔六英尺宽，然后我从这块地走出来，来到球场，在带露的草地曲折地走过足足三百英尺的一条小径。在我走近住宅时我停下几分钟，看看攀缘的玫瑰，听听小鸟的啁啾，这时我

---

① 风向给乌鸦带去鸟卵的气味。

听到小鸭的啾啾声。抬头一看，你瞧吧！这些小宠物循着我来时穿过公园的小路跟上来了。太阳升高到恰到好处，让我能把露水间的小径看得清清楚楚，这些步履蹒跚的小东西走起来的姿势都一个样，它们排成一溜，在它们看到我之前相距不到二十英尺。我找到了一点食料，它们跟着我去找它们的义母，后者正待在它的棚子里等着它们。我于是回头去找它们来的足迹，发现它们一直跟着我穿过那片新开辟的林子。换句话说，我的每一步它们都紧跟不舍，一直到赶上我的地点。

另有一回，我养了两只小银雉作为宠物，一九〇九年三月，我走进小公园去察看它们，忘记关上大门。我出来时未经大门径直跳过围墙向北而去了工地，当时我正在农庄的极北边界铺设排水瓦，这离公园足有四分之三英里的路程。到那里去我得穿过三十英亩的树林，为的是到那里去察看三处捕黄鼬的陷阱，因此我没有走直线。我在七点左右离家，九点，我正低头干活，听到了熟悉的声音，我抬头一看，原来是那两只银雉在我身旁从泥土中啄食。它们逗留在那儿直到十一点半，然后犹如两只小狗一样跟着我回家，因为它们的翅膀已被割掉了。由于是非常幼小时割掉的，它们飞不了四英尺远，更不用说飞走了。这时它们约十个月大，地上一点雪迹都没有，天气相当暖和，它们怎么随着我来的呢?

这只不过是我亲眼见到的几百例令人信服的事实中的几

则，这使我相信鸟类是有嗅觉的。我没有确凿的证据说明，但是我知道它们有嗅觉，如同我知道它们有听觉。

我愿意告诉你一个办法使你满意地加以证明。天下雪时，拿一块冰凉的鲜肉放在一块田地当中，让雪留在下面，假如有乌鸦在附近，看看它们会多快发现！或者，倘若你在北方的乡村，拿一块肉扔在雪地里，也不要把下面的雪去掉，次日早晨观察松鸦怎么找到它。我指定在雪地，因为雪是最好的自然掩盖物，这是最公正的测验。假如你是生活在无雪的地方无法去试，那么只要拿一点碎末、稻草、锯屑掩盖你的诱饵就行。

我不是说乌鸦或乌鸫只会闻到冰冷的鸟卵气味，但假如鸟卵是温暖湿润的，我知道那些蚕食同类的鸟会用鼻孔找到鸟巢所在。"算了，"你说，"那不可能，我在谷仓里，有一只乌鸦一直飞到那里去，它不去找鸟巢。"不错，但别忘了你总是在那里，它到那里去也成了习惯。

加拿大雁

· 第二十三章 加拿大雁[1]

① 又名黑额黑雁。

* 我已经讲过，我们保护瓦厂工棚的一个燕子家庭，到第五年就有了二十五个燕巢；可爱的蓝知更鸟由于同我们的家庭成员相处融洽，从而容许我们掀开它的屋顶，它则坐在离我们的眉毛八英寸处，把它的脑袋侧转过来对着我们直视，然后它又容许我们把屋顶盖上，一直不想飞走。我还讲过，相当多的知更鸟群集在我们的房子周围，那些地方既没有灌木丛，也没有果实吸引它们。在我们为紫毛脚燕建立新家的头一天，它们如何收拢翅膀，从天而降，一边下落一边歌唱。但这些事情要跟本章包含的内容相比，并不复杂。

*

有人说大雁是“蠢老雁”，这按我的想法，是人的嘴巴乱说话的无知表现之一。因为事实是，我们的加拿大雁具有大量的知识，以及人类可以充分加以利用而获益的许多特性。虽然我出生在美国秃鹰[1]翅膀的保护之下，从各方面尊

① 秃鹰为美国国徽的标志。

敬它，一生中从来没有射击过它（不过曾把一只吓破胆），可是你若谈到我们的加拿大雁，这种鸟却是最聪颖、地球上最富有自我牺牲精神的生物，至于它的纯良品质，任何研究者都不会不从中得益。就我个人而言，在我过去十年的生活中，我觉得有许多次我很想向这些老雄雁所表现出来的高洁的彬彬君子之风脱帽致敬。

现在的问题是，我怎么会对它们如此熟悉了解呢?

事情是这样的，大约三十年前，少量大雁飞落在当时以柯坦姆平原知名的一片草甸上。这个草甸离我家正北约四英里。由于我是一个出了名的猎手，有几个人邀我去打雁，他们显然过去一只也未能打中。最终一个人十分恳切地来找我。“杰克，”他说，“你到那儿去试试吧。它们差不多每天都来。它们是同类中特大的老雁，我认为当中的老雄雁体重有二十五磅。”我问他到底有多少只，他说：“十五只，一群七只，另一群八只。”我站着考虑了一下，对这人说：“假如有一群在那儿，是不是另一群也跟着来呢？”“没错，”他高声回答，“每次一准儿一起来。”

那天我回家，用斧头劈出三个大雁囮子的木头模型，接着我用拉刮刀[1]完成其他的工作，最后我有了三只用一条腿站立在我们后院的大雁——当然是每只用一条腿。每个见到

① 木工用的器具。

它们的人都会笑我。我应画上什么颜色呢？这是个问题。我从未因为要观察大雁的颜色而贴近过它们，我无法从听到它们轻微的“洪克，洪克”的鸣声中说出它们有什么颜色的羽毛。我最后决定把它们的胸脯画得淡淡的，其余部分则是石板般的暗蓝灰色。邻居们还是觉得好笑。周围没有人时我练习雁鸣，直到房子发出有点像“洪克，洪克”般的回音。

一天早晨约两点左右，我和妹夫驾好我们那辆旧轻便马车，带上三个木头囮子、铁锨、毛毯和提灯就出发了。走运的是，当我们到达柯坦姆那块草甸时，地面已冻结，足可支撑住我们，所以我们拿着提灯，迅速穿过草地寻找大雁的踪迹。最后我们在一块部分已被水涝的老玉米地里发现了大雁的足印，它靠近一块已荒芜的小麦地，看不见篱笆。显然，大雁曾停落在这块麦地里，然后走进玉米残株中。在这里，我们选择了一块场地，把三只囮子放在麦地上。我在玉米地边缘挖了一条沟在里面藏身。我说挖一条沟躲在里面，实际并不深，因为水接近地面，所以我只挖出一个棺材样的坑，约六英寸深，用毛毯盖着我的身体，当然，跟土地的颜色完全一致。毛毯的三只角紧紧地系在桩上，用以覆盖这口泥棺。然后我采集了一些野草等等，放置在坑的四面以免弄得我全身是泥。

曙光初露，另一个家伙驾着老马和我们其余的破烂赶到足有半英里外的地点去了。然后刚好在日出之前，我看到了远在南方天空的一条黑纹。我检查了一下我的老枪，它装有打雁的大号子弹，我仰天躺在泥坑里，左手紧紧抓住盖着身体的毛毯，右手握着枪。我眼睁睁地躺着，心跳得几乎要把地都捣烂。时间过得那么漫长，以致我以为我准搞错了，那不可能是大雁吧。我平静地叫了两声："阿——洪克！阿——洪克！"就在这时，我听到东边有一声低低的回应。我把眼睛转向东方，发现有十一只大雁排成人字形飞过去。于是我又发出一次低低的"阿——洪克！"的叫声，使我高兴的是，它们转身看到囮子，一边应答一边垂翼飞落下来。

但是，一只老雄雁的敏锐目光发觉那些是假冒的东西。对我来说走运的是，当它从囮子那里后缩时，突然把方向转向了我，就在此刻位置恰好，我立即用左手甩开毛毯，身体和枪一同抬起，同时坐下开火。带头的大雁中了十四发子弹，差不多打穿它的身体而瘫成一团，早在它掉在冰冻的地面之前，它的配偶也开始随着它掉下来，留下两团清晰松软的羽毛在凛冽的空气中飘浮，六只小雁嘶喊着，抛开它们掉落的父母向四面八方冲去，转向来的方向逃生。

一等我的伙伴到达，我们看着囮子和真雁发出好一阵笑声。我们很快把一切装载好，迫不及待地尽快赶回家，把三只囮子重画一遍。这回看起来没有问题了，自此之后我把大雁愚弄了一只又一只。但那些雁绝对不到二十五磅，那只雄雁正好十磅，它的配偶比它轻一磅。

从那以后我每年春天都要猎雁，但它们很快变得聪明起来，把它们停落的地方迁往柯坦姆以西约八英里处的沃尔克沼泽。我甚至追踪到那里，时不时打到一只零散的雁。一季中我从未射杀过六只以上。这会给你一个概念：那里它们有多么稀少。

但直至一九〇三年我才偶然真正认识到加拿大雁的高深城府。三月我见到一家六只大雁经过我的住所，我确信它们是飞往柯坦姆平原觅食的，所以第二天早晨我就到了那里拿着提灯寻觅它们的踪迹。在最后的星星隐没之前，我早就把五只囮子放在野地，把毛毯用桩系好，伺机而动。

刚刚升起的太阳把我西边远处的房屋窗户抹上金光时，我朝南望去，天空出现一条条黑线。这无疑是大雁，它们正朝这个方向而来。

就在我趴在毛毯下观察时，讨厌的是，隔壁农庄上有两个人出来挖沟。我的心一沉，因为它们会把大雁吓跑。但是大雁还继续向前飞。这时我可以把它们看清了，也开始听到它们拉长的“阿——洪——克！”“阿——洪——克！”的安全信号声。请想象一下当我看到它们越过那两个人径直朝我飞来时所感到的喜悦吧。

正当它们飞过我待着的田野之际，我从毛毯下面发出一声“阿——洪克！”的呼唤，雁群的老领头雁做出回应，朝我飞来。看到囮子，它们全都垂下翅膀，把它们黑色的足向田地降下，但刚刚进入我的目标范围之内，这个精明的老家长的声音突然回响在晨空中。“克洪克！克洪克！克洪克！”这尖厉的、警告有危险的叫声迅速而连续地发出来，每只大雁都拼命逃生。它们惊骇的叫声简直无法描述，最后雁群又形成一条线，转向湖上飞去。

那天早晨，当我赶着马前行时，我完全是孤零零一个人，我想得很多。我真的觉得自己如同一个从克朗代克[①]回家的分币！我的思绪是：为什么那只雁要飞过那两个人射程范围之内呢？然后又在那么接近我之前畏缩？而且，为什么它们如此恐惧？可能是因为它们看到了从毛毯下突出来的我的一头红发。使它伤心的是，它以前看到过这个家伙。“那是我们不共戴天的仇人！人人注意！逃生！”这是它发出的呼声。

这些想法如此这般出现在我的脑际。它确实认识我。这是每年春天都要回到这里来的大雁中的几只，它们常在同一地方出没。坦率地说，我把大雁琢磨来琢磨去，直到我觉得自己已经飘飘欲飞。肯定的，它们就是同一批雁群。它们确实知道我是敌人，它们肯定也会认识它们的朋友，若是它们有一个朋友的话。但我能做些什么呢？我拥有十英亩地，由于刨去约三英尺地面建排水瓦和砖厂而受到严重的损害。我愿意试试。

① 克朗代克为加拿大西部金矿区，这里比喻十分孤单。

所以我把邻居们（大部分是男人）叫到一起，跟他们说，假如他们不随意打周边的大雁，我会给这地方带来某种福利，就是说若机会合适，可以得到更多的大雁。这似乎令人难以相信，哪有这样的好事！因为之前只有一个人曾打过一只大雁，所以大家对这个计划都高兴得跳起来。

我在这块受人欢迎的十亩地的远远一边筑起了一条有坡度的堤岸，不是形成一个人工湖而是一个泥坑。然后我从一位老先生处买来七只剪去翅膀的加拿大雁，他是用非法手段捕获的。我把它们放养在这个泥坑内，它们变得非常温顺而有趣。这是一九〇四年春天的事。那七只雁适应了这个环境，它们在十亩地上到处游逛，把泥坑当作自己的家，但没有野生的雁飞来过。一九〇五年也没有一只，一九〇六年情况相同，甚至当一九〇七年到来时也没有雁来。我确实成了这一地区的名人，人们向我提出的问题简直使我应接不暇。

但是一九〇八年四月二日是我一显身手的时候，因为整个邻近地区在早餐前就行动起来了。“大雁来了！大雁来了！杰克说过它们会来的！”人人都准备好了一支枪。

现在我面对的另一个严重的问题是，要说服他们克制。我在解释时，他们全都注意地听。我说假如我们不打它们，等它们安居下来，把这里当成它们春天的家园，那么活着的雁群会在下一年春天回来，并且肯定会带来更多的大雁。每个猎人都是非常懂道理的，在平静地交换意见后人人都带着枪回去了。大约三个星期后我发出信号，大伙立刻集合起来。我相信在这一群小伙子中我是年龄最大的。大家都来到瓦厂，观望十一只大雁从楼上的窗户外飞过，直到打雁的热情控制不住我们的神经，于是我们一齐下楼，以行军的姿态走到堤岸的后面。“现在，”我说，“上扳机。”我发出一声号令：“洪克！”那一瞬间，十一只雁正在空中，八支枪对它们齐发，“砰！砰！砰！”当轻轻的硝烟最后散去，五只死雁躺在泥水上。另外六只惊惶地嘶叫着向湖上飞去。

我觉得这对我来说是多么幸运，这八支枪来自五家，因此每家的炉灶上有一只肥雁可以烧了吃。到目前为止一切顺利。

我并不期望这些雁再回来。要等另一个春天它们才会回来。可是令我惊讶的是，在大约两小时后它们在空中盘旋，为它们失去的伙伴悲鸣。最后它们再度飞走，但次日早晨又回来了，使我高兴的是，它们飞落下来跟我驯养的雁一同进食。它们这么快就平静下来使人惊讶。我要求邻居们在那个春天别向它们射击，所有的人都友好地同意了。

然后发生了一件对大家来说非常有意思的事。“杰克·迈纳尔打算自己打这六只雁，他说它们在明年春天回来！”这确实为这个社区的绝大部分人提供了谈笑的资料。一位老先生告诉我，他的伯祖父戴维如何在早餐前打死十六只大雁。这位可亲的老先生在说明如何消灭这六只雁时还摆动着他的白头，要是他的计划得以实行，那么一只雁也逃脱不了。为什么，老天爷，它们已变得如此驯良，我完全相信可以用一根钓鱼竿干掉它们。不过自然我充分尊敬他的白发苍苍，不去干涉他的使人不寒而栗的想法。

五月一日左右的一天早晨，它们一飞而起，盘旋得愈来愈高，径直南飞而去。

第二年春天，大批含讥带讽的问题潮水般冲着我而来！“杰克，你期待这六只雁什么时候归来？”另一个机灵的家伙说：“杰克，它们会从什么方向飞来？”但我觉得我有自信，笑到最后的会是我，因此我不露声色地咬牙坚持，表面依然带着微笑，尽量和和气气地回答。我只记得三言两语地答复一个家伙。他说：“杰克，大雁什么时候飞来？”我说：“可能它们准备好了就来。”

一九〇九年三月十八日，星期三早晨，地面冻得像法老的心一样硬。我到户外为我们的自动启动器浇水解冻。当它从水槽吸水时，我利用这段时间跟我驯养的雁说话，它们是在离我三十码不到的地方。突然间，它们一同开始用最大的嗓门唳鸣，表现得十分奇异，但是不管它们喋喋些什么，在我专注地倾听时，我就能听到奇异的雁鸣声。我向右回头望去，我看到一样东西使我的心简直一跳。那是一行加拿大雁，翅膀下垂，直冲我而来。最后它们放下它们的黑足落在地面，有的离我站立的地方不到二十五码，我怀着极大的兴趣观察雁群快乐地扇动翅膀的舞蹈，它们一边大声嗮嗮地互相叫唤，显然是介绍它们的家属和朋友。我完全预料到会看到它们在一瞬间高飞而去，但是并没有。它们看见我后，雁群的领袖相当尖锐地说话了，其他的雁则全体沉默如同墓园的黑夜，它们的眼睛一动不动地直盯着我。但它们只安静了几秒钟，然后比原来叫得更高，我们的雁则扑动翅膀，显然是由于高兴。

最后我抽身而退，我的动作慢得像一个等着过底特律—温泽[1]桥的抬棺人。我把驽马系在车把上，然后去教堂了，但是不管牧师给了我多少好处，我本来还是待在家里的好。我能想到的一切就是那群带着子女一齐来的二十六只加拿大雁，总共是三十二只。最后，真的轮到我笑了。我想回家去发泄我的感情。一等这个佳音宣布，我第一个冲到外面来，我去告诉我们那一伙同伴，相信我，我们兴高采烈地回家了。

大约一天后，我发出信号，枪手都来了。我们打下十只，放走二十二只。五月一日它们飞来高高地盘旋一阵，然后飞向哈得孙湾。

那一年对我的质问不太多。一个感兴趣的人问我，明年春天会来多少，我说："可能六十或七十五只。"他说："是吗？"我回答："我不知道。"但是一九一〇年三月四

① 加拿大东南部港市。

日起它们开始重来，有两个星期雁群集结愈来愈多，直到数量达四百只以上。我们打下二十六只，让其余的北飞。不要打尽你能打的，“总要放母，只可取雏，这样你就可以享福，日子得以久长”。[1]

最后一批雁群在四月二十七日离开。顺便一提，这是我们所知的它们最后一批离去的最早日期。

这里我想做个解释，虽然我们打下二十只雁，它们并非都由射手享用，而是遍赠给我们的近邻了。

一九一一年二月二十日，它们又从南方出发飞来，在不到三周内已经有一小批云集。我真的不知道地球上有这么多加拿大雁。

如我在前面声明过的，我家在伊利湖以北三英里，大雁大部分总是往湖滨过夜，有时头一批会落在我家的人工湖上和四周，你看不到飞来的雁阵的南端。

现在我面临另一个问题：饲料从何而来？千真万确，我在我家的西面建立了一个小小的公园，造了一个人工湖。人工湖的直径有一百一十英尺，可是这不能为它们提供饲料。我放弃北湖而干脆用公园放养，我觉得那些较野的会飞走，而只有那些老相识会飞来。但是结果并不如我所想：它们决意以我的家为家。

---

① 见前引《圣经·申命记》。

一天早晨，我们几个邻居在北湖正对几只雁射击。他们打中了一个五口之家。我喊道：“别打了，小伙子们，它们离得太远。”但发话已太迟。唯一听到的答复是枪声噼啪，两只雁掉下来死了，另一只特别大的雄雁掉下来，翅膀已断，剩下两只向湖上飞去。应我的请求，小伙子把翅膀被打断的大雄雁给了我。我把它带回家进行外科手术。手术是我亲自做的。首先我用结实的玉麻线结扎动脉，然后立刻从末端割断翅膀，把它放进公园。大约一小时后那两只雁回来了，在高空盘旋。到这时候为止，足足有一千只雁围绕着这里的房屋建筑聚集，它们似乎全都在叫唤它们要下来。最后它们绕着公园上空翱翔，那只折翼的大雁发出一声叫喊，顿时它们做出回应开始降落，使空中回荡着一片嗯嗯声。它们落在房子附近，跟它们受伤的兄弟团聚。简单地说吧，五月二日雁群大批迁徙走了，但有一只大雄雁永远没有离开它的断翅的兄弟。说真的，这是我一生中见到的最富有自我牺牲精神的情景之一，它放弃了在北美大陆享受的全部自由，自愿跟它的兄弟过着圈禁的生活。我们称它们为大卫和约拿单[①]。

亲爱的老约拿单！它多么愿意让大卫回归故乡，一直越过人工湖，然后迎风而飞。是的，我曾一天看到这事发生二十次：约拿单飞过人工湖，但是当它看到它的兄弟大卫不

---

① 大卫与约拿单均为《圣经》人物，典出《旧约·撒母耳记》，意为患难与共的兄弟、断金之交。

来时，它会停下来又向大卫游去。这一情景使我的大多数邻居极想开枪射击，如此一来在我的家宅上就没有雁可打了。

秋天到来时我们想可能约拿单也许要南飞了，但是不，我们这里冷到零度的冬天，热到极点的夏天都不能把它从大卫的身边赶走。

约拿单的崇高行为不久就赢得了到我们这里来参观的客人的敬佩。大卫是我见到过的最敦实的大雁之一，约拿单要稍稍高一些，但不那么粗壮，它非常有力而活跃，比我们家宅的任何一只大雁在这一点上都要强些。它面临敌人逼近每每高举双翼保护自己。它们一起在公园生活长达七年，但说来悲伤，一九一八年一月，一天早晨我朝窗外看看，发现亲爱的老约拿单躺在靠近湖心的积雪上它们经常歇息的地方死掉了。雪面上的痕迹透露了这个故事。一只雕鸮在夜间偷袭它们，其他断翅的八至十只雁，包括大卫，逃到了常绿树和灌木丛下。双翼完整的约拿单跟敌人战斗，但在黑暗中失利，鸮把它的利爪刺进约拿单的头部，挖出它的双眼，杀害了它并从胸骨处咬断了它的脖子，拉出它的内脏吃掉了。不用说，我们都感到悲痛，那天电话铃一再摇响。“真的是一只鸮杀害了老约拿单吗？”“是的。”于是随着一声叹息他们挂上了话筒。

我决心为它的死复仇。那天别的大雁没有出现。夜幕降临，我在死去的约拿单的羽毛下藏了一只夹子，我知道谋杀犯会再来。第二天早晨，吃鸟的恶魔给缚住了。真的，我可以好心地把那只鹗放在柴堆上烧死。

一九一二年，由于天气非常寒冷又多雪，雁群直到三月十六日才飞回来。

一九一三年它们在三月十日到来。这一年的受难节风刮得很大，有五英亩田地充满雁群。

风把一块薄铁皮从工厂的机器间掀起，翻来滚去被刮到围着雁苑的铁丝栏杆上。只只鸟儿嘶喊、躁动不停，随风而飞，飞到约半英里远后又回归。但这片铁皮一面是光亮的，大雁们就在空中这块铁皮的上方飘浮。只有我们年纪较大的人见过从前七十年代密集如云的旅鸽，天空密集的雁群就如同那个情景。我站着看了好几分钟，然后走过去把铁皮卷好。这费了我两三分钟，因为风大，铁皮又不好卷。蓦然间我听到“洪克”声，一瞧，这些大雁又落在田间了，有的离我不到一百英尺。后来我带着卷好的铁皮回到厂房。我在中途停下来休息并回头看一眼雁群，我确信它们从铁皮认出了我，因为到这时为止它们全体又回到了地面，迎风躺着，那整个五英亩地上稠密的如同从前一样。

野生鸟类的另一个优点是总有新事物出现。

在一九一〇年至一九一一年的冬天，我自己有十一只割掉翅膀的雁。由于我们的青少年要求在公园安全洁净的湖面滑冰，我把大雁全放了出来，它们就在栅栏的北面活动。

一个大风大雨的日子，天气又冷，它们蹲坐在工厂厂房外的背风面。两只大秃鹰袭击它们。我跑进屋子，一只手抓起我的火力强大的步枪，另一只手拿着三四颗子弹，赶紧来到大路，穿着鹿皮软鞋的双脚尽可能要多快有多快，转眼间已到达工棚的南端，不让秃鹰发现。我立刻迅速而悄悄地跑上楼，幸好飘进来的微雪铺满工棚的地板，压住了鹿皮鞋的声音。很快我到了北端。

从墙缝向外窥视，我看到一片在我看来很美的风景，但愿能对你加以描述。因为在硬邦邦的雪地上有两只大秃鹰，一只在雁群前约十英尺，另一只足有四杆远。但我们叫作汤姆·约翰生的那只老雄雁在哪里呢？曾经与它争夺地盘打了足足半个小时的它的对手，现在又在哪里呢？它们是不是跑到工棚下躲起来，或者以任何方式退出战场了呢？不，不，九只较弱的雁挤在一堆，不可能用普通的马车车身掩护。原来约翰生和另一只有力的雄雁正并肩径直面对那只怪物似的鹰。鹰在雪地的一侧一点点地走着，雄雁用眼睛死盯着它。没有一点声音，但是看到这两只忠实的、自我牺牲的老雄雁站在它们一小群同类的前头，高举着双翼，以它们的行动表明准备战斗，那是一个伟大的场面。“在你们要我们亲人的命之前，你们必须先把我们杀死。”

我站在那里足足有五分钟，神经因紧张到极致而战栗不已。最后我再也无法忍受了，轻轻把三粒子弹送进弹仓，然后平静地一拉控制杆，它把一颗子弹送进枪筒。由于工棚北门大约开了一英寸左右，我悄悄走到门口。假如那两只鹰触犯一只雁，我会把鹰打一个洞，大得够一只小狗跳起来穿过去。

但是好运总是降临到善于等待时机的人头上，最后那只最远处的鹰把头侧向一边，流露出要挪动的迹象，但它不是朝雁的一方而来，只不过蹲下，然后张开宽大有力的双翼，扑动几下，起飞径直西去，几秒钟后另一只也半转身子迎风升起跟着飞走了。但大雁们还是继续用目光紧盯着不放，直到鹰的身影再也看不见。

是的，它们终于放下心来。看到这里，我的心抑制不住地对这两只美丽的大雁产生了比原先更多的爱意。当我起步往房子走去时，我不禁为大雁感谢全能的上帝，愿他使人类像这两种鸟一样和平解决他们之间的争端。我把子弹从弹仓中取出来，把枪挂在枪架上，这时我听到自己唱起儿时母亲常常唱的一支老歌：

倘若我是法国王后，

　　更不消说罗马教皇，

我不会派兵去国外，

　　国内不会有哀哭的姑娘；

这个世界将安享和平，

每个国王有他的权柄，
我要他们动嘴不动手，
这将成为唯一的战争。

是的，一个跟加拿大雁关系友好的人，他一直受到这种良好的教育。

前些时候我从美国伊利诺伊州的一个饲养者那里购买了一对埃及雁。由于它们的羽毛是那么美丽，我以为它们会增加我家对周围环境中鸟类的吸引力，但是它们比停滞不流的沟水还要恶劣，不可信任，它们不断对它们能左右的任何生物制造麻烦，欺压追逐后者。十一月四日，在我给鸟儿们喂食时，它们抓住一只野鸭，两只雁都压上去，看来不要一分钟就会把鸭弄死。这时一只雄加拿大雁听见鸭子呷呷的叫声，它抛下它正在进食的儿女，飞过人工湖，用它有力的翅膀只一下就把一只埃及雁几乎打晕；另一只及时接受了教训，让鸭子自由了。那位加拿大先生在不到二十秒钟内又回到了它的岗位。

第二十四章・让大雁成家

* 一九〇七年，我让割掉翅膀的一对加拿大雁成了家，自那以后每个季度我都让一至三对大雁生儿育女。这段时期正是这些老雄雁表现它们无与伦比的纯洁高尚情操的时候，这一点甚至使我们人类都非常羡慕。

*

有一年春天，我从城里请来了一位漆匠，替这里增添一点光彩。一天我请他替鸟舍的门楣上漆，鸟舍约有七尺来高。我没特别注意他而是继续在约三百英尺外的瓦厂干活。突然，我听到一声尖呼，夹杂着响亮到连文字也难以描述的语言。我马上跑出去，看到这个吓破胆的人从砖墙上滚下来，手足朝天，像游艺场上费里斯[①]转轮上的奇特装置。看到他的模样，听到他的声音，使我通红的脸庞由于忍住大笑皱纹骤增而显得更宽。他向我走来，两只破碎的衣袖在风中飘舞，白油漆沾满一只裤腿，油漆桶、油漆、帽子、烟斗通

① 乔治·费里斯（1859—1896），美国工程师，这种转轮游戏是他发明的。

通丢了。他开始滔滔不绝地讲述这个意外事故。一个念头突然在我脑子里一闪，唉，我忘记告诉他靠近那地方的杂草里藏着一个雁窝了，但现在要对他解释为时已晚，真的，他不知道究竟是被咬还是被刺了。实际上他一点儿也没受伤，只是被吓得惊慌失措，他无法也不愿相信那里只有两只大雁。最后我为他找到了烟斗、黑人歌手卖唱戴的那种帽子和油漆桶，可是他再也不想回围墙地了。更糟的是，我怀疑他是不是可以原谅我，因为他会想起这工作是我要他干的。

一幅图画可以代表我所见的所有成为配偶的大雁营巢成家的情形。雄雁像有的鸟类那样，不参与筑巢、孵卵，也不去将卵翻动，然而它谨守保护雌雁之责，从来不离它超过两杆远，在敌人对它袭击之前进行监视。它通常平卧在地上，黑色的脖颈和蛇一般的头部伸得笔直。假如有什么生物从旁经过不惹是生非，一切都没有问题。但要是向它注目而停步不动，它会突然出其不意地从什么地方跳过去扑在它身上。它的目光和吐出来的嗯嗯声几乎会吓倒其他任何生物，恫吓是它主要的防卫手段，然而从我个人经验得知，它也能像一头小公牛一样猛咬死缠，用它有力翅膀的第一个关节猛击敌人，令人难以置信。我平生受到最重的一下击打就是一只雄雁所给：我抓住它套标记环，它双翼合拢，用第一根关节打在我口部，说实话，我别扭了几个星期。

如果我看见雌雁向家禽冲过去，或者有类似的动作，它并不是要佯装打一场猛架。雌雁通常把这种要花力气的体力活留给雄雁去干，依赖后者的保护，它完全可以这样做，因为雄雁从来不让它失望。它甚至可以抛弃儿女为它拼搏。

有一对大雁一度把巢筑在瓦窑附近，一只苏格兰牧羊犬来攻击雄雁。大雁取得了胜利，但牧羊犬咬断了它的脊骨的末端。我看到鲜血沿着它的腿部流下来，它在心上人的身边躺了好几天。我去看视，发现它病倒了，身体孱弱，它听任我把它抱起来。我看出了什么毛病，于是拿了一瓶松节油走过去，往它糜烂的口腔倒了一点进去，整整一勺蠕虫滚了出来，我又给这可亲的老家伙带去了水和食物，直到过了一星期它才能站起来。最后它康复了。它还在我这里，不过渐渐衰老而快死了。它的名字叫汤姆·约翰生。

我从未见过大雁走近那些成家的雁巢。某年春天我提着十蒲式耳玉米，把玉米粒撒在一只雁窝的周围。来到此间的几千只大雁都不愿联合起来用武力逼近去强取，或者对雁窝的储粮进行干预，宁可冒着被射杀的危险飞到乡村的田野去觅食。这一点会向你说明，它们是如何互相尊重别人的权利。

第二十五章·

我们的模范加拿大雁

* 我尽我能够做到的程度写得明白朴实，但我请你也不要忽视言外之意。

*

有连续两个春天，我的大雁中有两对在北湖的堤岸上成家营巢。这两个巢相隔二十英尺，两只雄雁总是守卫着自己的巢而从不离开三十英尺远。我驯养的雁群中有一只老雌雁明显不能控制自己的性情，它在前两个巢之间，也就是各距六十英尺左右筑起自己的巢。那两只雄雁在任何方面，不论是巢的形状、安排以及筑巢的方式上，都不干涉。不过要是有什么敌人接近它，这两只雄雁就会离家而愤怒地攻击来犯者，同时，要是你接近一个巢，那么只有一只雄雁会跟你搏斗，另一只则待在巢内按兵不动。两年间它们都在巢内孵卵，小雁长得健壮结实。那只单独的雌雁头一年用五个星期孵育四只卵，但没有孵出一只小雁，第二年我让它用七个星期孵五只卵。到第七周结尾，我把每只蛋都打开看看，没有一只显出有孵化出小雁的迹象。请记住，这不是什么历书，这些记录的日期都是事实。

是不是这些大雁近亲繁殖呢？这是个明显使我们很大一部分高明人士伤脑筋的问题。常常在春季，我听到各类参观者提出这个问题，这时在我们周遭伏窝孵蛋的雁群数以百计，我以为这主要是因为这些鸟儿在大小和颜色方面都十分一致的缘故。

我曾经对此做过充分的测验以满足我的好奇。我甚至把四只完完全全的兄弟姊妹孤立地关在一个围场里将近三年，而它们只是像兄弟姊妹一样生活。但在第三年三月，我听到两只雌雁发出失恋的呼声，它们不断跟铁丝网搏斗，想冲到有些已割断翅膀的雄雁那里去。所以我打开大门让它们去生活在一起，在两周内它们跟那些不相识的雄雁成了配偶。

一只幼雁头一年会产四只卵，第二年通常产五只。以后我使它们高产到多达七只，但我知道，在野生状态下它们可以产到八只，因为我每每见到这里有一家整整十口，八只幼雁加两只亲雁。六只是一窝幼雁的平均数。

在我的生活中，我常常蹑手蹑脚地走近一头鹿，或在山顶偷窥麋鹿，由于寒冷的空气对我有利，我观察它们足有三刻钟，或者一直观察到我快冻坏了，这时我为纯净的大自然所陶醉。我手上拿着一根小枝并一再地折断它以测试鹿的听觉，我确信它的敏锐性至少三倍于我们，或者说，我可以听二十英尺远的声音，鹿可以听六十英尺。但麋鹿的听觉不如鹿的灵敏，它们的视力判断也不那么快。在身上带有最新电子装置的生物中，据我所知，其他种类都不能与加拿大雁相比。一月中，在晴朗而凛冽的一天，雪深达六英寸上下，我的剪掉翼梢的雁，双足不动，躲在避风处。它们坐在坚硬的雪地上犹如这么多没有生火的炉灶。我呼唤它们来取食，但它们回答："拿过来给我们吧。"我拿起三颗麦粒撒向空中，它们全都嗢嗢地叫唤而不动；要是我空着手扔，它们理也不理。我走远去，跟它们相距三百英尺以上，我确信这些鸟儿在那个距离的地方能看得见三颗麦粒。

除了一些可怜的伤残鸟儿，在它们真正需要的时候向我寻求保护这件事，在我的自然研究中没有什么枝节问题引起我的关注，并且让我产生抑制不住的同情感。我曾经一次看到多达六只雁躺卧在我的餐室窗前，等待我去医治。事实上，有一个春天，我拾起了这里的七只伤鸟，但由于伤势过重它们都死亡了。比任何事情都能扣动我的心弦的是，伤鸟总是来到公园，通常卧在最靠近我的房子的一面。当我们正在用餐时，可能会有一只站起来面对我们，露出胸脯上被大号猎枪弹打中的伤口让我们替它包扎。我们使它更靠近一些，用望远镜对准它观察，在致命的小伤口四周，大小足有半英寸范围内的羽毛全部掉落，这使它身体内部痛苦不堪，生命千钧一发。我对你说吧，任何有人心的人和确实知道这些事实的人，都会为之眼睛湿润，这是用不着惊异的。

看它们如何治疗断腿更加有趣。一九一五年四月二日，一个八口之家的家长归来。它的一只腿悬着，这无疑是大号猎枪弹打断的。它无法使用这条腿，除非绑着一根棍子才行。它还没有停落下来，我就注意到它盘旋的姿态，等它找到合适的地方，便逐渐低飞，然后径直落到了人工湖中。在那里它把头抬起，守望着它的儿女下来觅食。然后它们看着它，它再度升空盘旋，最终找到它爱吃的玉米穗所在的玉米地。它小心翼翼地降落，把它的翼梢侧转过来当作拐杖，让身体谨慎地落下，把断腿靠着尾巴。然后它伸出长长的脖子把玉米穗扳到胸口下，直到把颗粒胡乱吃够。这时再又把翅膀伸展，如同两根拐杖，用特殊的一跃飞到空中，再如先前一样落在人工湖上。到第三天，它站在堤岸上，断腿伸直了，恢复到了原来的样子，从远处看，它站得那么无懈可击地平稳，但只要靠近去检查一下就会发现，在折断的腿上经常产生一下抽搐。我们定时注意它，这位可亲的老父亲站在一个地方完全不挪动，同样的位置一站就是六个多小时。在不到三个星期里，显然骨头已经愈合了，它停落在地上时会稍稍偏向一边，让身体的重量压在一只腿上；行走时，它会让伤腿不花力气，恰好让脚趾接触地面，用翅膀帮助，而把复原的伤腿放下来，一瘸一拐地经过草地。在整个这段时间内，它的难受与痛苦无法言传，然而这个可敬的生物从未停止履行它的义务，它经常关注着自己的亲人，假如在屋宇周围的普通环境里稍有一点风吹草动，它会平静地提醒它们。它受伤到这儿来待了整整一个月，之后它带领全家再次远行，它们全体高高地飞翔在空中，向北方而去。

上面仅仅是我所观察到的几十个例子之一。我仔细观察的几千只大雁中，我从未见到一只腿部或脚部受伤的雁治疗效果相反，不过总是有单独的几只带着一只断腿。我们也常见到一两只雁一只腿比另一只腿短，可想而知在这种情况下，另一只腿自然要长一些。

我不知道有别的鸟类或动物受伤后在复原方面的效果可以与它们相比。据说猫有九命，倘若这是真的，那么加拿大雁至少有十八条。边境两边各有九条。

一九一二年三月，一只受伤的雁飞到我们公园里，在湖面休息了一会儿，然后平静地向我们的房子走去，最后躺下来，它的羽毛触及栅栏，离我们的餐室窗户刚好三十英尺。我出去察看，它不让我抱起它，但愿意跟我的距离保持在四英尺内。那天晚上雪下到足有六英寸深，它的身子差不多全给雪埋住了，只有头部在外。我以为它死了，决定走到它跟前去。我走到栅栏的另一面，它一动不动。我打开大门走过去靠近它，还没到离它十英尺以内，雁醒过来了想飞走，于是我后撤了（注意：它明白我进入了它的安全范围）。随后三天，这只雁没有挪动过十英尺，它不时地吃一点吹积到那里的雪。我把剥下的玉米扔到它身边，它吃下不多的颗粒。

由于积雪在第四天全部融化了，它走向湖边喝水，但随即又回来躺下。在三个星期左右之后，它又能飞了。这只雁的足部没有折断，但身体被打穿了。

由我对这些聪明的生物所做的实验可以证明，最令人鼓舞的事实之一是，它们多么乐于多么愿意来寻求人的保护！“让人类统治一切”，这个由我们继承下来的诺言是多么容易地得到确证。

一九一九年以前，我们加拿大政府不理会我的朋友们和我提出的帮助我饲养这些飞鸟的一切请求，或许认为它们是属于北美人民的。由于我不是一个有财产的人，我能做到的只不过是让它们保持食欲，又渴望重新归来而已。结果它们在这个地区来回数千里，觅取大部分由玉米收割机打下的玉米穗吃。这当然给枪手以机会，四月间的一天，一个正在地里耕作的邻居看见附近有一只孤雁。他注意到雁走得非常缓慢，表现出身体衰弱的征象，因此停下手中的活去观察。雁既不飞到树上和空中，也不飞到湖面上，而是经过树枝下来到房子附近的地上，这时三岁的雅斯帕尔正在外面游戏。他跑进屋子叫嚷：“妈妈，大雁在外面。大雁在外面，妈妈。”他的母亲从他的神情与举动上看出发生了什么不寻常的事情，她带着小不点跑出去，孩子指着一棵树枝碰到屋子的云杉树下，雁就躺在那里，展开翅膀，濒于死亡。他们把我从工厂叫去，我检查了一下，发现翅膀下面有一个弹孔，显然它的心脏部分受了伤。一只足上凝固的血迹向我充分证明，它是在掉落前五分钟被击中的。于是我从抱起它的地方循着血迹找去，发现它落在离我后门不到十英尺处，在那里的砖铺人行道上有它的一大摊血迹。几小时之后我发现这只雁是在五英里外被击中的。

你怀疑我爱它们吗？虽然这不过是一幅它们对我表示信赖和依托的粗略画面，你能责备我没能超过我的财力去饲养它们吗？

爱真正的家园是心田，但显然，教育心灵去爱或恨都需要给大脑以能量。但任何不爱那些首先爱他的生物的人，我都不认为他有心或是脑，甚至说他有一个嗉子[1]都将是对这些飞鸟的一种羞辱。

① 鸟类的消化器官。

第二十六章 · 鸟类有语言吗?

* 这是一个我必须回答的问题。我有充分理由说："是的，是的，我知道它们有。"为了证明这个说法，你可以把我关闭起来，蒙住我的眼睛，这时倘若我听到大雁的鸣声，我便可以告诉你，它们的行为是什么，要是我去听一个外国人说话，倒是不知道那是要我去擦窗户、要我清洗污浊的洗衣房，还是要我吃火腿鸡蛋。

*

去年春天的一个晚上，在雁群飞往湖[1]上去了之后，我朝后溜达着走向北湖[2]，去探望我自己的一对大雁，但我没有找到它们，它们也没有回答我的召唤。我做出判断：它们飞走了，因为我饲养这对大雁已有十三年了，所以心情非常焦急。第二天一早，我借着天光来到北湖以北半英里处，边守望边倾听，想发现它们的踪迹。最终，我看见数百只大雁从湖上飞来，停落在房子周围，大部分在北湖上，空中不断回

① 这是指伊利湖。

② 这是指保护区内的人工湖。

响着它们“洪克，洪克”的叫声。接着，我听到了我要找的雄雁的声音，我熟悉那个声调，于是我径直走过去，发现它正守着里面有一只卵的巢。我于是明白了为什么它昨晚没有回答我。是的，当我从几千只大雁中听到并识别出它的声音时，它还在半英里外。在你怀疑我的话之前，我要问你：如果你是在一个有一百万人的城市里打电话，对方是一个你已经熟悉了十三年的声音或一个你自己家人的声音，它在你的耳边响起，你会不知道这个声音吗？这个道理是一样的。

一九一七年十月六日，我们正在吃早餐时，六只大雁落在湖上，我放下粥，向门口走去，喊道：“丘基！丘基！丘基！”老雄雁扬起头大声答应。我走往谷仓，拿起十二个玉米棒，回头走向它们所在的公园。在不到五十英尺的距离内，我停下来仔细地瞧着它们。就在我观察它们举动的同时，我把一根玉米棒扔过去。四只小雁立刻腾飞向空中，但它只是说：“呵——呵！呵——呵！”小雁又都飞落下来了。我又把一个玉米抛过去，它们又跳起来，它用完全一样的声调“呵——呵！呵——呵！”（一切都好！）发话，它们随即如前一样落在地面。这要重复几次。它或许是告诉它们，那个家伙身体强而智力弱，无心吃我们大雁。总之，在我扔最后几个玉米棒时，它们相信了它的话，不打算飞走了。我向它们扔玉米的原因是要让我满意地证明，它见到我以前扔过：因为我拿出一袋玉米，有时站着不动扔到它们当中。我估计它从前确实躲开过，这充分说明这老家伙现在相信这个地方是安全的，然而这使它用了十五分钟说服它的儿女相信这里没有危险。这只大雁的配偶不需要对玉米棒向其他四只做说明，它开始享受头一次扔出的玉米棒，但四只小雁非常胆小害怕，对这些金色的棒子畏缩不前，看到老雄雁向它们介绍，使我感到开心。它用一只眼睛注视我，脖子伸前，用嘴咬起棒子甩动，把颗粒摇松，然后把它送到一只幼雁脚前。但是在它让它们开始吃之前，每只幼雁差不多要把每根玉米棒上的颗粒都弄下来后才吃。不错，尽管它明显饿了，它还是站在那里守卫，等其他五只雁狼吞虎咽饱餐后它才自愿吃剩下的。这六只大雁把十二根小玉米棒上的颗粒一顿吃光，证明它们在空中进行了长途飞行。接着它们在湖上活动几分钟后离开湖去绿草地休息，有一两天它们哪里也没有去。

约十天后，它们跟我们的其他雁一样温顺，我判断可以赶它们入网了。有一天，一切都是静悄悄的，没有陌生人在附近，我请岳母的女儿帮我，她高高兴兴地答应了。我们在湖面撑开特别的罗网，我握住一头，她握住另一头，高于水面约两英尺，我们平静地把雁群向网驱赶。我们自己的大雁专门受过这种训练，在前领路，那六只则在后面跟着，等它们进网后，网门落下。我早已胸有成竹，准备了已制作好的六个标记环放在我的口袋里。然后我打开网门，让我们的大雁出来。但是那六只挤在一个角落，随着我走近，雄雁展开它的翅膀面对我。我立刻制服它，强行把一个标记环套在它的后腿上，然后把它带到网口放走。它是不是飞往伊利湖呢？不，它没有飞到两杆远，就停落在离门约二十五英尺处，它美丽的胸脯起伏不停，呼唤着它的亲属："阿——洪，阿——洪，阿——洪！"意思是"过来！过来！过来！"我抓住第二只时，听见门口一阵骚动。我看到雁太太在网内向外看，因为老雄雁已回来正在跟铁丝网战斗，想冲进来对付我，一句话，它直等它的家属都自由了才离开门口。

我过去打雁，有一次曾经趴在地上匍匐前进，把胸前的所有扣子都摩擦得掉光了。我拿着一支火力强大的步枪，隔着三块田地准备开火。像别的实行同样计划的成千上万的猎人一样，这种成功的机会不多。这一回却是这同类的鸟，尽力过来用翅膀对我进行攻击。尽管它对家庭忠实不渝，我到底还是重新把它捕获了，在它们的腿上都挂上标记环，六只大雁挂了七块标记环。在每个标记环上，我印上了下列经文："他未尝保留一样好处，不给那些行动正直的人。《诗篇》第八十四篇第十一节。"我们根据一位著名的、具有自我牺牲精神的将军的姓氏，给这只雄雁命名为约翰·穆尔爵士，这位将军是我常常听我父亲谈及的。

十二月，它们全家迁徙，三月的第一周我收到下面的信：

致可能与此事相关者：

标记环正面的字样为："请函告安大略，金斯维尔，四十八号信箱。"反面为："他未尝保留一样好处，不给那些行动正直的人。"

这些字是在一只套着雁足的标记环上发现的。这只雄雁于一九一八年三月一日被捕获，我是按标记环上的要求去做的。

它确实是一只不错的雁，重十二磅，肥如黄油。

我无疑将乐于听到您告知标记环是何时、何地、为何、如何套在雁足上的，我并且希望您能乐意告诉我一切您能告知的有关这种野禽在您的国家的种种习性。

它们在十二月飞到这里，但今年冬天如此寒冷，它们又飞往更南的地方，但在二月间返回，现今依然留在此地。它们于夜间在河浜觅食，日出时飞向麦田吃青小麦直到日落，然后再飞回河浜，约在三月中离开，远飞北方。

我始终等待您的答复。

林登·阿奇巴尔德

肯尼迪维尔，坎特公司

马里兰州，美国

我立即写信给阿奇巴尔德先生，他友好地寄回了标记环。

在三月十九日正当我们吃正餐时，我的一个儿子很快发话，指着窗外喊道：“瞧！爸爸！瞧！”毫无疑问，那是约翰·穆尔爵士以及它的五名家庭成员中的四员站在窗前吃玉米，它脚上的两个标记环闪闪发光。

穆尔一家留在这里时差不多一直待在一起，它们一家五口夜间飞往湖上，第二天清早归来。小雁中只有一只被害，但幸运的是全家没有解体。

在整个四月，约翰生家与史密斯家的年轻一代，有时是麦克唐纳家和琼斯家，以及多得说不出名姓的加拿大雁家族的小一辈，偶尔邀请这三位穆尔家的年轻人一同到房子附近四处走动，显然是玩“抢壁角”“丢手绢”“胆小鬼，胆小鬼，别抓我”等等游戏。但是我不知道这些幼雁和别的加拿大幼雁在三四月留在此间时是否会离开父母每次超过一小时，我相信这些家庭要到营巢地才会分裂。

后来在一九一八年四月二十五日左右，约翰·穆尔爵士一家失去了踪影，八月我收到下面这封信：

乔治集，哈得孙湾

一九一八年六月二十六日

亲爱的迈纳尔先生：

随信附上四个标记环，这是今天上午我从一个印第安人那里收到的。由于我们的小艇正准备向南方航行，我立即把它们寄给您。这个印第安人告诉了我有关标记环的一件趣事，他说有一群七只大雁飞到他设圈套的地点，他和另一个同种人抓获了其中四只，每只足上都套有标记环。被另一猎人所杀的其他大雁中，有一只带有两个。

今年春天雁群飞来很多，但被猎杀的不多。

雪雁今年好多好多。印第安人说他们好长时间没有见到这么多了。

希望这些标记环能平安寄到您处。

C.G.马弗尔谨启

乔治集，哈得孙湾

读者几乎不能想象，当我读到每个标记环上的警句“他未尝保留一样好处，不给那些行动正直的人”时的感情。这是约翰·穆尔爵士家族已被绝灭的证据。这不是说我反对印第安人捕杀这些大雁，不，不。这不过是想到我特别喜爱的宠物全部遭到猎杀后的感慨。至于获得这些鸟儿的印第安人和因纽特人，我相信所有诚实、有良心、有理性的人会同意我的想法，在美国没有人比这些在最寒冷地区再无路可退的原住民为了生存而更有理由射杀这些鸟儿了。就个人来说，我觉得在我一生中做过的最好的工作就是养护了数以千计的大雁，并且让它们自由地回到它们出生的、与世隔绝的故乡。

虽然这些标记环是从哈得孙湾的乔治集邮寄来的，但这些印第安人可能带着它们跋涉了三百甚至五百英里，乔治集是他们的贸易站。

我已经给你们讲了很大一堆关于我们可爱的加拿大雁的情况，它们是原始的、朴素的、没有驯养过的。如果我称它们是可爱的，请记住这并不意味着它们在颜色上是清一色的，也不是说它们大部分是加拿大产的。一点儿没有这个意思。我实际上是要说这是因为它们叫人喜欢，这就是为什么我称它们为“我们的美丽的加拿大雁”的缘故。假如我们加拿大人中有百分之五的人真正认识到它们的可爱，那么另外的百分之九十五的人就不可能，或者也不会尝试不让它待在我们国旗的一角。

第二十七章 ·
杰克 · 约翰生的经历

一九〇七年春天，在我饲养那剪去翼梢的七只大雁三年之后，这只老雄雁和它的老伴开始在北湖的西岸——我们工厂以北约二百英尺处——住下来了，料理家务。巢建在光光的地上，靠近一排残余的旧栅栏，从工厂门口一块约七英尺的光光的高地上可以看得一清二楚。女主人明显是一只老雌雁，因为它生了六只蛋。我观察这一对鸟儿时，度过了许多有趣的时光，同时我还可以照管工厂。

这只老雄雁对任何走近的敌人都会不客气，我们叫它杰克·约翰生。它常常离巢一杆远站立，它又黑又长的脖子和脑袋一次好几个小时伸得笔直，你几乎见不到它动一动。与其说它像一个活物不如说像一个固定的装置。假如看到一只鹰或乌鸦，它会立刻走到它的巢前，然而若是一只狗飞跑过田野，它便会干脆躺下来。任何生物在没来得及看清它是什么东西前哪怕几乎碰着它，却不会惹恼它。

请别忘了，在任何东西看到它之前它却已经看到对方了，只有那些了解雁的举动的人才会相信它们如何伏在地上而不被人发觉。如果在水中，它可以把身体埋在水下，只把脑袋和脖子以及背上少量羽毛露出来，稍稍弯曲的脖子使你以为那只能是一条长长的、样子阴险的蛇。我绝对不知道除开加拿大雁以外还有别的生物能装出一副更为阴险恶毒的样子。

一天，我站在工厂门口观察雁巢的动静，我看见拉大车的老马查理愈来愈近地要擦过雁巢，我不禁打了一个寒战，怕它笨重的蹄子踩到巢内去。但只要杰克·约翰生在那里，这家伙便老是张望着。一旦敌人靠近，它就开始采取行动！这会儿雌雁正躺在巢内，我清楚地看见它的黑色脖子从窝里伸出来接触地面，它的脑袋则弯着朝向那匹重达一千六百磅以上的大马，马的蹄子犹如烙煎饼的平底锅。转眼间，情况变得格外有意思，一边是杰克·约翰生平伸身体，两只腿使劲往前把自己推到离查理的脚跟不到四英尺处。另一方面，查理明显没有意识到地上有个敌人，而是平静地、越来越近地挨擦着雁巢，它的巨大膝盖举步前都要向前弯曲足足一秒钟。

最后当它离雁太太不到三英尺时，雄雁慢慢起身，对马展开双翼。马的大耳朵马上伸向前，身体稍稍向后一退，两只眼睛死盯着母雁。这一刹那杰克·约翰生咬住它的蹄子，同时立刻用双翼猛打它，并且两只雁同时“洪克，洪克”地叫嚷。我从未见到过像查理那样的一匹马几乎被吓成惊厥。它高举尾巴，同时喷出高昂的响鼻，四条腿几乎使土地都发生震动，因为它不能飞只好狂奔。从它的举动判断，它不知道哪个部位给咬了一下，首先一跃而起，向雁巢侧面跳开。等它逃到约一百五十英尺远的地方才停下来，脑袋挺直，尾巴弯成弓状竖起，使它的外表增添了一点神骏的气派。但当它看见两只雁扑着翅膀欢庆胜利时，它的惊厥重又发作，要不是仓库院子的栅栏挡住，可能它还会发作下去。

由于雁巢得不到保护，母雁自然要把巢建在阳光直射下，最后它生病了，让卵留在了巢内。我认为它是中暑了。不管怎么说，它几乎死掉。因此有一天，我去把老杰克赶跑，拿回那六个雁蛋。我把它们放在温水里，发现可以孵育，所以我在旧洗衣盆内筑了一个窝，一只普利茅斯洛克种母鸡自动做了义母。四五天后六只雏雁都孵出来了，我拿掉覆盖物，让光线进入，母鸡没有表现出要啄它们的迹象，相反开始教它们小鸡的语言。第二天，我们把小雁挪到靠近后门的鸡棚内，这里的嫩翘摇和别的青草长得很好。我们喂小雁一点点牛奶蛋羹作诱食，这些小家伙比它们的义母要温顺得多。它们是怎么生长的啊！这些小加拿大雁生长之快是令人难以相信的。生下来只有三天，我就看见它们穿过了两英寸的鸡棚网眼，到六至七周它们已发育成大雁，只有有经验的内行才会从一百英尺外区别出雏雁与成年雁。

这一群小雁从不走出离我们后门五杆远，只是不断地扇动着翅膀。在我所见的所有幼鸟中，幼雁是最大的，在它们长得大于义母时，我常看见它们簇拥着它，把脑袋放在它的翅膀下，每一只都把它抬起一点点，以至它们的义母完全离地，成为六只小雁的脑袋抬着的活动住宅。

但看到那只老雄雁，听到它不断发出三声尖厉的哀鸣，却令人悲伤。我们拿一堆木头和栅栏栏杆放到空巢内，但这个伤心的老家伙把它们推出来，病母雁待在靠近弃巢的人工湖上，但它总逗留在房子附近，经常找那六只蛋或小雁。雄雁显然知道它们就在房子里面，每隔几分钟都要回到生病的老伴那里去。它每每屈身和它交谈或者咬住一片草叶，然后又间歇地同样重复一遍，往东、西、南、北“洪克，洪克”地叫嚷。我从未见到过同样的举动。假如这种叫声被六只小雁听见，那自然对它们是拉丁语一般，因为它们不知有别的父母，除开那只老母鸡。

在后门附近饲养这些宠物固然是新鲜事，但很快造成了不卫生的环境。它们每过七天就长大一块，我妹夫的姐姐尽可能反复地用英语所能表达的和气委婉方式，善意地让我明白，后门的台阶可不是大雁栖息的地方，把这些雁全部迁走，愈快愈好。我相信她说得对。但那时除自家宅院之外，我只有一块大的田地，于是六月里一个晴朗的早晨，太阳刚刚升到把每片草叶上明显恋恋不舍的露滴照得闪亮时，我照常从住宅出来到工厂锅炉下去生火，顺便把这群小雁召集起来让它们跟着我走出大门，小雁确实比家禽还安静。走过院子时，我一路扔一点食料，它们紧随在我身后，直到看见新鲜、干净、带露的青草才抛开我去吃草。我离开它们继续向前走。但我还没有走到离它们五杆远，这时忽然看到老杰克·约翰生从北湖闯来，一边乱扑翅膀，一边“洪克，洪克”叫嚷，像一个完全疯狂的生物，我整个身体和神经为之一惊。

我转身跑回去，怕它把小雁一只只杀死。但它把我骗了，谢谢老天爷，它确实让我上了当。因为并不是如我害怕的那样它可能会杀害它们，而是它在离它们不到六英尺时停了下来，把脑袋和脖子伸向天空，美丽的胸脯不停地起伏，它的叫声一英里半内都能很容易听到。我这么说一点也不夸张。它叫喊的是什么我不知道，但每只小雁都平伏在地上，它把脑袋放在它们身体上，显然是爱抚它们，表示亲情。每只小雁轮流站立起来，扑动它的稚嫩的翼以示高兴。

就在那时我放眼望向北方，那病弱的老母亲来了，每走一杆地它都由于衰弱而伏地不起。这是它离巢以来我头一回在湖岸上看见它，小雁已经超过五周大了。老杰克朝它来的方向瞅望，看到了它便上去迎接，告诉它一切，它虽然身体不行，却想走得快一点。所以这位可亲的爸爸在它来到小雁身边前已来回跑了好几趟了。

这时发生了值得我研究的问题，我不想读者对这对老雁如何认识它们的宝贝儿女提出疑问。我只知道它们确实认识，这就了结。在一天最美好的时刻，我没戴帽子，光着脚，站在那里。整个世界仿佛成了一条彩虹，从两头把上帝纯真的爱倾泻到一个地方。看到这个伤心的、可亲的老父亲和它们衰病的母亲团圆，认识它们从未见过的六个宝贝儿女，换句话说，当我站在那里，亲眼看见这个离散家庭的重新团聚，我心潮澎湃、思绪万千，像一个孩子那样，为这个场景感动万分。

最后这八只雁全体向北湖出发。杰克看到母鸡在后紧追，于是走到后面用它残缺的翅膀一扇，使它惊叫一声，猛然觉悟，往鸡棚回走。一刻钟之后，我回到工厂时，小雁又跟着义母回来了，杰克随着它们而来。我诱哄它出来，它看见它的儿女欢迎它，便向前安抚母鸡，小雁用它们的语言说了一大堆话，显然是表示同情。老雄雁后来从未碰过母鸡一下。母鸡跟六只小雁一直住在湖边直到大雪把它赶进鸡棚。没有别的家禽敢走近去冒犯它，从那时起雄雁守卫着它，犹如它的家庭的一员。

老母雁到秋天时身体稍有好转，但冬天到来后它的情况又恶化了。一月里的一天，我回去抱起它，决定把它带到室内，把它彻底治好。我走到牛棚把牛赶走，把雌雁留下，到屋里去取药。母牛从门口走出来时，老杰克·约翰生在我带走它的老伴后紧跟着我而来，它猛扇那只母牛，像一只牛头梗，给了它一顿好打。从住宅回来后，我发现它已把母牛赶到角落，可是仍旧对那无辜的老牲口又打又嚷。

我打开牛棚门，老母雁的挣扎已经结束。它死掉了。同时它忠实的伴侣已经不在它眼前，它依然跟那头母牛没完。我把雌雁带出来，埋掉了。以后杰克再也见不到它了。

简单地说吧，它时紧时松地找那头母牛打架，持续了两三个星期，然后它满足于看守着它。有两年半之久，它一直监视着它，从不离它的头部超过三杆远。好几回它不再监视，而是跟在后面，有人看到它们那时离家有一里多路。事实上它无须挂个铃铛以便人去寻找，它的“洪克”声就达到了这个目的。在夏天的几个月，它睡在母牛头旁的牧草地里，但冬天来临母牛回到牛棚里时，它总是睡在门口的台阶上。

杰克显然因它的苦恼而责备母牛，对其他的同类毫不理睬，甚至对自己的儿女也一样。它的悲鸣，不管怎样，使人觉得万分哀痛，最后我只好把它赶走了事。

另一次，我把一只丧偶的母雁饲养了四年，它依旧呼唤过去的爱侣。所以现在，假如这里一对中有一只遇到了不幸，我愿意把剩下的一只送给人，因为我无法忍受它们断肠的呼声，我觉得那使整个地区都郁郁不欢。

我听到许多诚实的人说，他们那里野生的雄雁如果跟一群驯养的雁混在一起生活，会跟不止一只雌雁交配。但在我这里，在我尽可能保持同野生状态接近的环境中，我没有看到过雁表现出那种求偶趋势。

这里有一个你难以相信的事实，因为那是人力无法控制的。这些雁群来自大西洋东南海岸，大概在三月一日到达此间，如果加以保护并饲食，它们不会离开飞往哈得孙湾。若飞走的话，于四月二十日至五月一日之前在那里营巢繁殖，若留在这里则跟我们修剪过或割掉翅膀的雁一样，在相同的条件下生活。我们的雁通常在三月份最后一周产卵。

今年，一对雁四月二十七日孵出六只雏雁，孵化时间需要二十八天至二十九天。

为了对你做出更好的解释，或者我可以说得更为具体。拿一对这种野生的雁，剪掉翅膀，把它们留下，大约三年后它们会在这里成家，但比它们保留翅膀、去天然地生儿育女足足早一个月。它们被迫留在此地，较早生育的原因是要赶在酷热的天气到来之前使幼鸟得到良好发育，我曾看到过它们在干燥酷热的天气下死亡。另一方面，生下三天后幼鸟就能摇摇摆摆地在翘摇叶上的白霜中走动，享受它们的美餐了。

现在我觉得已经过于啰唆，但我显然对讲述这么多有趣的故事无法割舍。

我知道你们这些受过教育的人把这称之为天性或本能。我确实听到过有关大雁这种知识的五花八门的名词，我不愿从辞典中去找这些人造词汇的意义。我确信如果把它们所有的意义加以提炼，把一切人为的泡沫撇去，真正的诠释会是两个字："上帝"。

去年夏天，大约在七月一日，我从工厂回到家，迈纳尔夫人对我说：“你的雁怎么了？一对老的和四只小的来房子这里，叫了两三回。我们一再把它们赶回北湖。”我立即说：“是不是只有四只小的来呢？”她向我肯定六只全来了。当我看到雁的神态和举动时就知道出了问题，因为那对老的一见我就大声叫嚷。

我匆匆穿过灌木林，这些雁跟着我，一到水边，它们神秘举动的谜底便揭开了，我看到一只小雁躺在东边的岸上死掉了。我急走过去拾起小雁，发现它气管里有一小株裸麦顶梢。开动机器的噪音妨碍我听出亲鸟惊惶的叫声，否则我本来可以及时赶到挽救它的生命。不管怎么说，为时太晚了，小雁已死去至少一个小时。

我提起它的一只脚，手里拿着，亲鸟和余下另外四只小雁跟着我回到住宅。我把小雁埋在玫瑰花径旁，破碎家庭的成员们站在离我十五英尺之内。它们愿意留下，我们不得不把它们赶回去好几遍。过了足足一个月它们才安下心来留在它们的家里度完整个夏天。

第二十八章·
加拿大雁的迁徙

对于加拿大雁迁徙规律的了解，我不得不说，我深深地感谢哈得孙湾公司和列维农皮毛公司各位代理人的友好协助。我雄心勃勃地打算把我家庭的种种令人操心的事情和各种享受暂时放在一边，在最近用三个月时间到我们加拿大雁的繁殖地旅行一次，我将在那里极其愉快地紧握所有这些人的手，归根结底是大雁让我知道地球上有他们。

我将附上一些信件来证明这些人的真心实意。下面是我收到的第一封。

哈得孙湾公司
麋鹿工厂，安大略，经科克兰
一九一五年八月十九日

四十八号信箱

金斯维尔，安大略

亲爱的先生：

我有一个铅环，向外一面印有上述地址，向内一面则印的是十五日。这是从一只加拿大灰雁足上取下的，这只雁于今年春天四月十五日左右被一个印第安人在詹姆士湾上伊斯特门的哈得孙湾贸易站以南数英里处击落。该印第安人说环约3×5英寸，这只特殊的雁显得比其他的雁大一些，羽毛的色泽较淡。从它是在一个雁群内这一事实判断，它大概是正在飞往北方的繁殖地。海湾四周有许多大雁在此生息繁衍，但营巢之前人们看见的一般都是成对飞翔的雁。这些候鸟很容易驯化。我在此间就看见有些雁是从非常幼小时被收养的，它们长大后即使放手饲养也会继续留下来。我会饶有兴趣地听到您告知有关这只雁的详情，希望我已经给您提供了您所需要的有关它的信息。

W.E.康塞尔谨启

后来，在一九一六年十月，我收到另一封信，如下：

哈得孙湾公司

乔治堡，詹姆士湾

经科克兰

一九一六年一月二十七日

杰克·迈纳尔先生

四十八号信箱

金斯维尔，安大略

亲爱的先生：

这封信是告知您，上星期一个印第安人带给我一个标记环，上面印有上述地址，是从一只雁足上取下来的，这只雁约在七月中旬于康姆山被猎杀，这是离本贸易站以南约四十英里的詹姆士湾海岸的一个收购点。

由于给我标记环的这个印第安人似乎希望从我这里获得点什么报酬，我付给他一美元，假如您愿意友好地偿付我同样的款额，我将高兴地接受。

欧文·格里菲士谨启

我立即给这些代理人寄去若干美元，请他们付给这些送环来的印第安人和因纽特人每人一美元。我还请他们告知我那个地区的详情，包括大雁吃的是什么，在何处营巢，事实上，任何信息都欢迎。

下面这封有趣的信件也是写给我的：

哈得孙湾公司

麋鹿工厂，安大略

经科克兰

一九一六年十一月十四日

我亲爱的杰克：

我很高兴收到了您八月三十日寄来的信，一定要感谢您随函附寄的五美元。我确信您会认为我的复信拖延太久，但是今年夏天我去英国了，大约两周前才回来。我在到达这里时才收到您的信，一旦冰冻得结实了就会有包裹送出，我利用头一次寄出机会对您的来信进行回复。

现今我住在摩斯过冬，春天我将去阿尔巴尼[①]，这是在詹姆士湾至乔治堡的另一边，但也是个打猎的好地方，尤其是我们称之为“wavies”的那些鸟。正确的名称，我认为，是“雪雁”（snow goose）。除开纯白的雪雁，我们几乎打不到别的。偶尔雁群中有一只青色的，而在东岸则恰恰相反，几乎全是青（灰）色，偶尔雁群中有几只白的，可是在向北去距离不远（在东海岸）的惠尔河，白色的雁又重新大量出现，因此它们显然是在每年迁徙时越过海湾。

① 或指阿尔巴尼河，流经加拿大安大略省，入詹姆士湾，全长六百一十英里。

在东海岸和西海岸都有大量的雁，但我认为往东（乔治堡一边）比往西的更多，因为那里的海岸多岩石，有很多岛屿适于它们繁殖。我们有一些岛屿突出分散在海湾内，人们称之为“提欧姆斯”（tioms），这是些绝好的繁殖地。

猎杀那些带环大雁的印第安人说，它们似乎比别的雁要温顺些，它们从一大群中脱离出来降落到囮子中间，而这批中其余的则头也不回。

在乔治堡贸易站以北约三英里处，那里有一个巨大的海湾（咸水），低潮时有大量的泥和草露出来，春天，差不多每群雪雁以及有些黑额黑雁迁徙北飞时都会到这个海湾觅食。印第安人在它们到达这个海湾时从来不进行捕猎，而是集合在另一边的长长的山峦上准备向离开的鸟群射击。雁群一小批一小批地起飞。它们不得不飞到相当高才从这边的山头“脱颖而出”，人可以看到它们在飞到对面的山峰前要飞一段时间，这时人们沿着一条小径奔跑，试图在它们经过时占据合适的位置以便射击。当然，假如三至四群同时起飞，而枪声又从山的各个部位打响，猎人们就容易互相干扰彼此的射击。印第安人说，一旦这些候鸟离开该湾，它们就不再吃东西，要到抵达遥远的北方（哈得孙海峡或巴芬兰）后才又觅食。事实上雪雁的巢非常罕见。奇怪的是它们在此湾并不觅食。

我此刻正和康塞尔君待在一起，他告诉我一定要转达向您的致意。他打算三月间离开去边境，计划或许到时访问您。

在信内我附上了一些照片，也许会使您发生兴趣。我在背面写明了它们表示什么意思。

印第安人用网打的鱼很多，但冬天少，除用钓钩外。

康塞尔君拿您的相片给我看过。请寄给我一张吧。

先到这里吧，我还会给您写信的。

您始终忠实的朋友

欧文·格里菲士

下面的四封信不言自明。

哈得孙湾公司

詹姆士湾区办事处

摩斯工厂

一九一八年六月十五日

亲爱的迈纳尔先生：

附寄的金属环，十八S号，今天由一个名叫安德鲁·布脱弗莱的印第安人送来，他在詹姆士湾东南的汉纳湾打猎时杀害了这只带环的雁。

安德鲁告诉我，这只雁是在一九一八年四月二十八日被杀死的。

我们对您在此间的实验都深感兴趣，决定把凡我们收到的标记环都寄还给您。如果您对被猎杀的雁需要任何进一步的详情，请通知我们，我将给您尽可能多的信息。

乔·华生谨启

杰克·迈纳尔先生

四十八号信箱

金斯维尔，安大略

哈得孙湾公司

大惠尔河贸易站

经科克兰，安大略

亲爱的迈纳尔先生：

因为我想等待我派去的一些猎人从北方归来，以便尽可能多地获得有关大雁在营巢地的信息等等，所以耽误了给您九月四日的来信进行回复。

因纽特人告诉我，大约在本站西北方的某些大岛上有好多好多雁巢。这些岛屿人称之为北贝尔彻和南贝尔彻群岛，有些岛相当大，其中一个岛有一口大湖，几乎延伸到整个岛那么长，这是为数众多的大雁的营巢地之一。我收到当地人给我的两个标记环，他们待在这些岛上，我把标记环附信寄上。

从遥远的北方来的猎人告诉我，数量相当大的雁群在此间以北约三百英里处营巢。我让他们知道，倘若他们杀死任何带标记环的雁，要把标记环带到贸易站来，所以很可能在明年春天当地人重来贸易站时我会再寄给您一些。

我不知道本季度这些候鸟和动物发生了什么事情，自我到这个地方以来，我从未见过各种猎物的情况像现今这样糟糕，我希望今年是一个早春，这样也许我们可以有办法得到您饲养的一些雁或其他猎物。

我一直把您在人工湖饲养的雁的照片拿给我的猎手看，他们告诉我，他们希望正吃到的一些雁中有您饲养的，当然我不得不告诉他们，这里春天很快就会来临，他们也许会捕杀一些照片上见到过的。

好！我看到战争已经过去，在这个地方活着的人通通都对这一点感到高兴。当地人对战争究竟是怎么回事有一些非常有意思的看法。由于每个人都认为他的想法是正确的，因此对这个问题一直存在生动活泼的讨论，这一争议在这个偏僻的与世隔绝的地方有助于消磨时间。

好，相信您的工作进行顺利，您的雁长得又健康又肥大。

您忠实的L.G.马弗尔斯

哈得孙湾公司
詹姆士湾地区
摩斯工厂
一九一九年五月八日

杰克·迈纳尔先生

金斯维尔，安大略

亲爱的先生：

去冬我在詹姆士湾东岸，远至哈得孙湾的大惠尔河旅行时，您的两个雁环落到我手中，我谨将它们附信寄还。

上面标有十七号的环是套在一九一八年十月被猎杀的一只雁足上的，地点为伊斯特门以北约三十英里处，猎手系克里族[1]。

带十八号环的雁是去年秋天在靠近琼斯角的地方被因纽特人理查德·弗莱敏猎杀的。

我分别转交给这两人各一美元，由路佩特商行的尼科尔逊先生所经管的您的基金中支付。

威廉·C·雷克汉姆谨启

地区经理

我的地址：由哈得孙湾摩斯公司

克鲁特邮局，安大略 / 转交

路佩特商行

克鲁特邮局，安大略

一九一八年六月二十日

杰·迈纳尔先生

四十八号信箱

金斯维尔，安大略

亲爱的先生：

附寄的十八S号标记环是前些天由一个在离本站以

① 印第安人查尔斯·沙沙瓦斯肯。

北约三十英里处猎杀了那只带标记环的雁的印第安人交给我的，我认为还有两至三个标记环被某些印第安人得到，他们没有跟我来往，但应该会通过跟他们进行贸易的商人转给我的。就我所掌握的情况，您的兴趣似乎在海湾地区，这些地区一般都受到良好的关注。

A.尼科尔逊谨启

现今我得到归还的三十四个标记环都寄自哈得孙湾，这是事实。可是我们要记住的是，这些候鸟中百分之八十以上是在春天套上标记环的，它们直接从这一驯养地飞往詹姆士湾，因野性已较受到控制，因此给予印第安人与因纽特人最好的射击机会。我们相当肯定，有两至三只是在离开此地后三天内被猎杀的。一只雁于四月二十四日在此地套上标记环后放飞，二十八日在贝尔彻群岛被猎杀，另一只于四月二十二日放飞，二十五日在詹姆士湾被猎杀。

雁群在下午五点分两批分别离开此地，我向安大略斯塔拉克的加拿大太平洋铁路公司代理人发去电报。斯塔拉克在萨德伯里西北六十英里左右，离我家以北四百五十英里左右。我在次日上午九点前两次获得回音。第一个答复是："雁群正经过梅塔加玛。"第二年在相似的情况下，回音是："雁群正经过西班牙福克斯和波格马辛。"这三个站都在加拿大太平洋铁路的主线上，萨德伯里西北约七十至九十英里处。在这三个特殊的地点，铁路差不多是径直向北延伸的，我非常怀疑雁群是不是在不同的两年北飞时离它们的东西线四英里以上。

在同一时期，我收到许多从我称之为大西洋东南沿岸的雁群冬天栖息地寄来的报道。

我在这里附上一封从南方寄来的信，关于雁群何时到来与离开冬天栖息地，它给我们以很好的说明。

斯旺瓜特

北卡罗来纳

一九一七年十一月十四日

亲爱的先生：

我于昨天，也就是十一月十四日，在北卡罗来纳州海德县的马特莫斯托玉特湖打死一只雁，左足上带有一个写有您的地址的标记环。环上印有“来信请寄安大略，金斯维尔，信箱四十八号”。所以应您的要求我愉快地照办。金属环的内面是《圣经》的一行诗，全文为：“保守自己常在神的爱中。犹大书1：21。”请写信告诉我您是如何捕获此雁的，何时将环套在雁足上，有关加拿大雁的一切和在您那里饲养它们的情况。它们约在十月十五日飞到我们的湖区，留在这里直到次年三月十五日，然后全体离开向北飞，去我们不明的地方。在我猎获这只雁的那天，有三百只左右的雁被打死。要结束这封信了。请尽快函告我您所知有关它们的一切。

向您和您的家人致以最好的祝愿。

C.S.迈慕尔谨启

最近我收到最有趣的来信之一是下面这一封：

哈得孙湾服务站

詹姆士湾地区，加拿大

经马提斯，安大略

一九二五年七月二十五日

亲爱的迈纳尔先生：

我在这封信内附寄五个标记环，是从本站附近的猎人今年猎杀的雁的身上取下来的。

如果您渴望获得进一步的信息，我将竭尽绵薄之力协助您进行这项您正在做的极有意义的工作。

不管怎样，我很担心有些求助于您的保护区的飞鸟被吸引到您那里，与其说是希图继续安逸的生活，不如说是由于对人类怀有更大的信任。无疑，这些鸟中有些一旦离开您为它们提供的保护，会很容易成为枪手的牺牲品。

我怀着极大的敬佩之情，愿始终成为您最忠实的朋友。

E.芮诺夫谨启

一九一九年，多伦多的圣斯伯里先生，我们加拿大的探险家之一，正在巴芬兰。他在该地遇到几个因纽特人，他们带着一只套有我标记环的雁。他们对雁有迷信，但是当圣斯伯里先生向他们解释这一点时，他们剥下雁皮，把它生吃了。这是远离林木线[①]之北的地区，这里的因纽特人吃生肉。

① 林木线，高纬度木材生长的极限地区线。

第二十九章・大雁的捕捉与套标记环

* 这是个在遇到阻力、工作停滞不前时对我的耐心的考验。虽然我给包括野鸭在内的许多较小型的鸟类套过标记环，这不假，但那好像是诱哄幼儿把糖果吐出来，很容易，并不使我觉得有趣。

*

是的，有人说过：“傻老雁！”但请记住，傻老雁正是通过智胜人类的能力才使自己生存下来：我们在很久以前本来会把它们杀光、吃光，但是它们以智取胜，取得成功。所以，假如它们是呆里呆气的，对不起，我们又算老几呢?

算了，傻还是不傻，总之，我伤了七年多脑筋才在智力上打败它们。实际上我研究它们比研究我的债务花的时间还多，这说的是整个情况。一点不假，雁群允许我在它们中间散步，妙的是，受伤的雁还从我手上取食。但是不要抓住它或干涉它的自由，只要它叫一声，就会给一英里之内所有的大雁一个警告。

一九一九年十一月，有五十五只野鸭在此间觅食。我拉起绊网，捕获了五十只，但傻老雁在旁边散步，只发出“呵——呵”声！我的家里人哈哈大笑！这七年里面我想出的种种办法一言难尽。在这段时间里，我手上因为制作和安装管道式架子、捕鸟网活动门以及给家禽张网而长的老茧使我久久难忘。看到大雁飞来，瞧一眼这些东西又走开，会使人觉得像把黑足鼬交给枪筒去对付那样无地自容。事实上这成了家庭中的笑柄。小雅斯帕尔说：“爸爸，这个夏天你做了多少雁网？”“让人统治一切。”我坚信这句话，但就这种情况而言，我的表演肯定很蹩脚。

最后我产生了一个想法，它被证明是成功的。在两个人工湖之间我开辟了一条运河。运河长六十英尺，宽四十英尺。运河筑在供应人工湖泉水的排水瓦渠口，运河水是最后冻结、最先解冻的活水。我们建立了一个高高的管道式架子，把运河完全遮盖住，两头各有一个活动门。架子又由网眼两英寸的关家禽的铁丝网紧罩，以防止它在风中摆动或松垮。活动门经常开着，我们驯养的雁受到训练，在这条水渠口露天的水面越冬。这个装置是在北湖，这里的大雁是野性未驯的。

这套装置在一九二一年十二月完成，一九二二年三月我外出旅行做报告。我接到孩子的一封信说：“爸爸，你的雁网取得成功，今天早晨我们看到二十五只野生的跟着我们驯养的大雁进入网下。”你能责怪我念了两遍吗？

约一星期后我回到家，孩子用这样的欢迎词迎接我：“爸爸，昨晚有几十只大雁在网下取食。我们用去皮的玉米和麦粒喂它们。大雁不用我们驯养的雁带领就进去了。”第二天一大早我就起身穿衣服，精神振奋，在湖上的大雁没飞来之前早就来到小小的“长方形观察实验室”。它们来了足足有四十只，到网下取食。它们等于被捕获，因为我过去的经验教给了我如何做一个无懈可击的活动门。如果可能，请想象一下我欢欣鼓舞的情状吧！过去七年我曾经逮过一百零九只大雁，没有两批是用同样方法抓住的。换句话说，每次实验都失败了。可是现在我可以数以百计地抓获它们。不过当雁群大批在里面时我一定不能关上网门，以免把它们吓坏。

在四月二十一日，足足有百分之八十的大雁已向北方飞去。星期天早晨，也就是四月二十二日，只有约三百只留下。那个春天，这样的时机不可失了。

我爬到网上守望着它们，雷明顿的罗伯·斯隆博士——他是我最了不起的助手之一——站在下面准备拉动机关。机会来了，我向博士发出信号，转瞬之间活动门降下来，六十一只可作为信使的大雁成了俘虏。

在这六十一只大雁中，我们发现有一对是在一九一七年套上标记环的；另外有两只足部折断。它们立即得到了治疗。

这时大批的雁已飞走，它们根本不知道这次遭遇，我想我要扩大这一战果，所以在一九二二年夏天，我扩大了我的捕雁网，面积超过五千平方英尺，有一个活动门是一百二十英尺长，一个八十英尺长，另一个四十英尺，全部都由一个拉绳控制。

一九二二年那个秋天，约三百只雁归来，但水不多，因为泉水不足。不过在十二月五日，我捕获了五十三只，一九二三年四月二十一日我捕获二百零七只。收获不小！“让人统治一切。”如今我一年能捕到三百二十一只。

在守望这最后的二百零七只慢慢进入网下的同时，我的双筒望远镜显示，十一只套着闪亮铅制标记环的雁正站在堤岸上，但在这二百零七只中没有一只以前套过标记环。换句话说，我从未在同一网中两次抓获过同一只大雁。“傻老雁！”

可以清楚地看出，我们还没有来得及听到去年捕获到的三百二十一只大雁的消息，但从一九一五至一九二一年间我捕获的一百零九只中，有七十只据报已被猎杀，五十七个标记环寄还给了我。截至目前（一九二五年一月），我存有据报已被猎杀的大雁的一百三十九个标记环，情况如下：

> 六十九个寄自哈得孙湾；四十五个寄自北卡罗来纳；三个寄自马里兰；三个寄自俄亥俄；各有一个寄自安大略、德拉华、北达科他、伊利诺斯、密苏里、密歇根、新泽西、肯塔基、拉布拉多的汉密尔顿湾、印第安纳和魁北克以北三十英里的渥太华河。

实情是我套环的一百零九只大雁中有七十只被猎杀，这使我们有许多问题值得深思，可能这就是这一套环方法取得突出成功的关键。但要是没有我在全北美大陆找到的各方面真诚人士的兄弟般的合作，甚至这个办法也是完全无效的。那使我不得不相信在每个标记环上刻印的福音语系帮了大忙。不多几个星期之前，在哈得孙湾地区传教的J.W.沃尔顿牧师寄给我一只装有二十个标记环的盒子。那个地区的当地人把这些标记环带给沃尔顿先生请他解释。在这二十个标记环中只有两个是一九二二年之前套的。一个所记年代为一九一七年。带着这个标记环的大雁是在一九二四年五月被一个因纽特人所杀。爱好狩猎的同行注意到我首批套环的一百零九只大雁中，只有一只活到七年。

沃尔顿先生写信跟我说，他把这些标记环之一放在口袋里。他说这常常帮助他跟陌生人展开有益的交谈。

鸭子在任何方面都不能跟大雁相比，因为捕猎它们容易得多，然而为野鸭套环还是给了我一些值得去做的信息。在我曾套过环的四百五十二只野鸭中，一百九十七只有下落；但在最近三年内我只替很少的鸭子套过环。三只带环活了六年。去年即一九二四年的秋天，我重新捕获一只一九一八年套环的野鸭。假如它明年活着归来——我希望它会回来——那它就能打破野鸭在我们这个饲养场的纪录了。

第三十章 ·
创建鸟类保护区

* 鸟类保护区是为保护鸟类聚集、栖息、觅食而留出的一片合适的地域。在这块地方，它们的天敌被消灭，人不论贫富都不敢骚扰它们，盗贼也不敢钻进来偷盗。

*

有数不清的飞鸟会集结在这里，尤其是在它们迁徙期间，举行它们一年一度的野餐和歌咏比赛，这种比赛可以使它们选择最满意的情侣。当它一同意和它比翼双飞，它会说："我愿意发誓，让太阳、月亮、星星作证。"于是它们一同离开，有的白首偕老，有的只一个季节就分手。当气象一对它们显示"你们的筑巢地天气没问题"，它们便加入一种歌词仿佛是"上帝和你同在，直到我们重逢"的合唱，在黄昏的空中飞得高高地，在星星再度闭上它们的眼睛之前，这些有羽翼的生灵已经飞越千里，初升的太阳发现它们在去年的同一旧枝上歌唱，非常靠近它们的营巢地。我说黄昏的空中，是因为大多数鸟儿都在夜晚迁徙。

留鸟会在同一个保护区越冬。去冬是我的保护区创建以来的第八个冬天，我每天用半蒲式耳多的小麦喂饲在这里越冬的山齿鹑。春天一到它们全都立即离开了。现在分散在一片面积至少有两英里的耕作得非常好的地区，差不多在每个农庄繁殖。最使人高兴的是，我已为下一个冬天大批越冬的鸟儿准备好供它们果腹的麦子。

保护区计划是我所知控制猛禽的唯一方式。猛禽是行动起来既无情又无理，而单纯让它的利爪支配它的整个身躯的两足残忍动物。我这么严厉地谈到这类生物使读者听起来奇怪，但这是在我个人的知识基础上才产生这个看法的。作为一个猎人，我一生在森林中度过这么漫长的岁月，基本上依赖听觉活动，我的耳膜反应格外灵敏，直到最近几年我还几乎能听到小昆虫的嗡嗡声，假如我完全聋了，我也已经听到了许多东西的声音。要是我的听觉好一些，本来可以听得更清楚。

一天，有个人来到保护区，陪同他来的有两至三个青年，我记不太清了，其中有一个是他的儿子。在领着他们参观一圈后，我来到公园招引雉，三只红腹锦鸡走出来，刚好展开它们华丽的羽毛。在它们高视阔步走过碧绿的草地时，所有的人都对这样的奇观屏住呼吸。我转身走回住宅，刚走几步即改变了主意。那个男孩说："啊，爸爸，如果它们在我们的林子里样子不是顶好看吗？"父亲把口香糖在嘴里转了一下说道："如果我拿着我的旧猎枪，我很想在林子里看见它们。"

几年前我把环颈雉引进这个小城饲养，我所有的权力是挂牌宣告：“请勿射雉。”一位猎手踏上我的住宅以北三英里处的有轨电车，在他安定下来后拍拍他的猎袋说：“我在这儿打了五只，这个红头发的某某人再见不到了！”这个人跟我几乎不认识，我知道他也没有什么特殊的事情跟我过不去。只不过他还要骂骂那个让他打了一天好猎的人。

小城里还有一个人，他表面上用拐弯抹角的方式传话给我说他有三只带标记环的野鸭，倘若我给他每只一美元，如同我跟因纽特人的交易一样，那么我就可以得到这三只野鸭。现在我已给我在这里饲养的幼鸭带上标记环了。由于夏天北湖的水已干涸，它们在九月初离开，迁往近处的水域。如果此人活到我给他人工喂养的野鸭每只一美元的那一天，他肯定是世界上最长寿的纪录保持者。

我家四周的邻居提的一个共同问题是：“你怎么这么了解你的鸟儿呢？”说实话，鸟儿是一本打开的书。如何理解人类才算难题。射击从保护区飞过的鸟儿的猎人中，有百分之七十五可以轻而易举地被称为我的敌人，事实上，倘若我不在这里饲养、爱护、收留它们，猎鸟的人是永远看不到一只雁的，更不用说打一只了。但如果我听到他们的赞许，我就有了安慰——行，这就说得够多的了。

你觉得接纳水禽的保护地，自然应当是相当大的一片陆地和水域。读者能明显地看到这一点：一块天然的沼泽，自然是个理想的地方。但非水禽类保护区可以建在乡村任何地方或城市的郊区，或许在有小河流过的峡谷更可取。可以选择许多已有树林和灌木生长的地点。以我个人意见，我更喜爱自己栽种的树木，这是一种乐趣。面积有五英亩就不错。我愿更快地在三千英亩面积上建立两个五英亩的保护区，相隔一英里或一英里半，这比同样的面积上建造一个十五英亩的保护区更适宜。这些保护区应在公路经过或靠近公路的地方，以便阻止偷猎活动的保安员驾车来往方便，如同邮递员来往乡村邮箱一样，这使他每三天可以访问几乎无数的飞鸟，知道在猛烈的暴风雨下本保护区的每只鸟都安全地得到他的照看，这对于他来说肯定是很有意思的职业。“我宁愿在上帝的宅第里当一名看门人，而不愿安居在邪恶的寓所里。”或者，“我要尽快地当一个小小的保护区的保安员，而不愿免费住在华尔道夫阿斯托利亚大饭店[①]。”

如果你想创立一个保护区，首先要划出一块夏天的休闲地，为期一年。种植常绿树，每棵之间距离七英尺，外侧四面是八杆宽，中央留出十二至十五平方码空地，供建筑饲料架和饲食房之用。在外面栽种各种结果的灌木和藤本植物，四面还要筑好防猫狗的围墙，你要随时注意能为鸟儿做些什么。

① 纽约豪华的大饭店。

我从安大略省林业部得到树种，从栽种跟普通的马铃薯苗一样大小的树苗开始，这是需要时间的！不过别忘了造物主自己也无法在十分钟内造出一个四岁大的笨蛋。所有这一切都要花一点时间，但是时间是值得花的。美洲的每个高尔夫球场都应成为鸟类的保护区，只要各处栽植一小丛灌木就能达到目的，使打高尔夫球的人听到他们不可不听的鸟儿的嘤鸣。

“不错，但是我们怎么才能使鸟儿飞来呢？”这是很多人的问题。请把这个问题留给鸟儿去解决吧。别替它们担心，也别走遍整个美洲去关心它们。你只要建立保护区，让它们飞来，你关心照管它们就行。我这里的经验已证明它们会飞越整个大陆而得到照顾，保护区计划是确保我们的鸟类不被它们的敌人所灭绝的防范措施。就在前些时候，正当我在丛林散步的时候，四只美丽的山鹬从我推开的粗枝下惊起。在失踪四十年之后，可爱的山鹬又回到了原来的故土。

是的，保护区计划将让我们的整个加拿大南部都有山齿鹑。山齿鹑在这类地方几乎可经受任何寒冷程度的冬天。那就看我们有无兴趣从事这样的工作。这已不再是一个我们能有什么野生鸟类的问题，而是我们愿意有什么野生鸟类的问题。

请记住，你可以坐在放有美洲最好钢琴的客厅里，假如你不伸手弹琴键，那么这种乐器始终不会发出声音，你也就听不到它能奏出的最美妙的音乐。

北美洲天鹅

· 第三十一章

我们北美洲的天鹅

* 在全美动物园，我们通常看到的天鹅并不是这个国家的产物，然而有大批人并不了解在本国我们还有数以百计的地道的美丽的野天鹅。

*

目前在北美只有两种本洲产的天鹅，即高亢天鹅与哨声天鹅。它们都是纯白色。我们常常听说一群天鹅中夹着几只黑色的，这些是幼鸟，天鹅在初生的第一年并不变成纯白。高亢天鹅是这两者中大得多的一种：这些鸟体重在二十五磅与三十五磅之间，体态匀称，不像我们公园中那些欧洲天鹅，走起来蹒跚摇摆。但不幸的是，美洲这种最大的候鸟在本大陆已开发的地区营巢，结果几乎遭到灭绝。不过我要高兴地报道，躯体较高亢天鹅约小三分之一的哨声天鹅，本洲仍然有数千只。

在我使经过训练的大雁回到此间后不久，天鹅也开始在伊利湖岸以南三英里处聚集，如我先前说明过的，大雁通常到这里栖息，有时一群天鹅会在早晨随着雁群而来，但我从来没能诱导它们在这里停歇，可能因为这里的湖泊小而多泥的缘故。似乎这种美丽的白鸟每年都有增加，去年四月的一个黄昏，当雁群来到湖上的时候，我家中可以听到天鹅的鸣声，明显是在欢迎大雁回到伊利湖平静的怀抱。转天日出之前我来到湖上，当我从湖岸望去，离金斯维尔约一英里处，有三百多只天鹅在浅水中觅食，全都离湖岸不远，再稍远一点则是另外一溜的二百只。离湖滨四分之一英里到半英里的沙洲上，简直是十足半英里长的一片白色，我由于相距远而无法计算出它们的准确数，不过肯定超过一千只。请别忘了，我有一副很好的望远镜，这些鸟儿不是海鸥，它们是天鹅。我算出，在水中的五百只看起来不到沙洲上那群的一半。

但在这全部的景象中令人鼓舞的部分在于，这些天鹅的巢比大雁的更北一些，因此在那里根本没有什么危险。

最近几年来，我已经对尼亚加拉大瀑布周围的鸟类存在的问题极为熟悉，想到我们这么多珍贵的水禽在汹涌的激流中面临死亡是心情难过的。虽然我不在那里居住，也不完全明了那里的整个情况。似乎在早春，在湖的其余部分还没有解冻之前，这些天鹅就来到大瀑布上方开阔的水面，夜色来临时它们就把头部放在背上随波逐流，像许多白色的枕头。偶尔有一群冒失的游得更远，其中一些不能飞起，就越过瀑布被激流卷走，足有百分之七十五不是为冰所杀伤就是溺毙；那些幸存的就爬到刚好在瀑布下形成的冰桥上。这时在它们下面的是铁桥，在它们前面的是直泻百英尺的泡沫飞溅的瀑布，它们明显不知所措。由于缺乏足够的力量飞起，它们蹲在那里，渐渐变得愈来愈衰弱，如果晚上有霜冻，从瀑布溅起的飞沫就会把它们冻成孤立无援的状态。

尼亚加拉瀑布近旁的威廉·希尔先生告诉我，去年春天四十多只活天鹅待在冰桥上。希尔先生是一个非常熟悉当地整个情况的人，他捕捉到五只，并且把它们展示给我看，但这些天鹅都挺孱弱，几乎站不起来。一只为冰所伤，结果死掉了。后来另外两位先生又送给我两只。它们刚好换羽，如果它们付出代价，样子难看也莫过于此了。现在我打算把它们放在北湖内饲养。

第三十二章·
迁徙的路线

---

* 许多作家来到金斯维尔，他们认为这里的候鸟特别多是因为这里正处于它们的迁徙路线上，它们在这里停息。这是个误会。因为芝加哥、底特律或多伦多跟这里一样，都在它们的迁徙线上。

---

*

非常正确，我们这里只不过在佩里波音特以西十五英里，加拿大大陆的极南部分，数以千计的小鸟到这里来飞越伊利湖。但是能够忽高忽低不停地飞行一千英里的野鸭和大雁，振翅飞过伊利湖这样短短的水域又算得了什么呢？

对我三十五年残酷无情的猎人生涯来说，射猎一只天鹅是我雄心勃勃的高峰。我射击了吗？没有。为什么？因为过去在这周围很少见到一只，我仅仅知道在这个小城范围内有两只被击落，一只是在四十多年前，另一只在约二十五年前。去年春天我去伊利湖观赏它们，本来用排枪射击可以打五到十只。天鹅集结在这里，并不是因为在迁徙线上。不，不，这是教育的结果。

大雁到这里来是为了觅食和寻求保护，天鹅经过亲身体验，知道大雁停落的地方对它们也是安全的。虽然天鹅还不曾在人工湖停落，我满意地知道有几百只飞到离我三英里之内，这一切都是通过爱心和教育而做到的。原来大雁坚信我是它们的死敌，以后从四面八方向我飞来觅食和寻求保护，表现出它们对我的热爱，它们征服和争取了我这个有史以来北美鸟类最无情的死敌之一。那不是因为迁徙线的缘故，而是由于幸福的和平与教育，这个大门是永远打开的。如果有一天在这个珍贵和古老的地球上，人对待空中的飞鸟和地上的走兽，人对待人，家庭对待家庭，国家对待国家，消灭了邪恶的、报复性的争斗，那就是通过这种同样可贵的爱心和教育。因为像强制性的、刺刀尖上的野蛮手段总是会造成鲜血染红大地的状况。

第三十三章·问与答

* 由于我是一个非常清贫的作家，请不起一位速记员代我去回答眼下暴风雨般寄来的问题，我相信我以公开书面回答的方式会防止我们的女拣信员把信件塞满我的邮箱。

*

1. 我怎么使大雁飞到我的湖面?

假如你能使它们飞落在一英里或任何合理距离范围内，就在那里为它们提供食物，在它们不在时把食物撤放。在它们有规律地不断飞来一个星期之后，带一队马悄悄接近它们，仿佛你是在一个农庄上干活。绝不要赶着马径直向它们走去，而是成直角经过。在一周内你用这个方式尝试几次之后没有把它们吓跑，就试试用同样的举动，但不用马队，非常接近地观察它们。你要总穿同样的衣服，两三周后你的大雁最终会认识你。

然后当你走近任何接近它们的地方时，你看着合适的情况下试着用任何办法召唤它们。它们会学会听出你的声音。这时你可以穿着整齐，戴大礼帽，大雁不会在意。你的声音使它们安静，通过你的动作它们会逐渐认识你。

这时你渐渐把你的饲料和吸引它们的东西移向你要你的鸟儿挪去的地方，它们会来的，你不得不相信它们高兴得到这个机会。

2. 你为什么把你的地址详细写在大雁和野鸭的标记环上？

因为这是成功的办法，要是只有数字就会难找得多。我有过别人寄给我的几十个各种各样的环和标记牌，都是从鸽子和野鸭身上取下来的，上面的数字容易读出，然而我一再刊登广告，直到如今也没有收到一个字证明是何人标的。再者，如果你曾打过印记，那么用榔头打一下放在旧烙铁上的标记环就能达到目的，你的邮局地址是唯一正确实在的处理办法。

3. 我可以从什么地方弄到打印设备？

任何模版制造商都能向你提供。我有两个印版，一个是给小鸟打的，字体大小跟报纸印刷体差不多，给大雁和野鸭的则大五倍。我还有一套英文字母和阿拉伯数字字体，是打印

《圣经》经文什么的。我想我整个设备的费用不超过二十五美元。

4. 前些天我看到一只鸟，从我站立的地方看，它有环条、带状的各种花纹。这是什么鸟?

森林和田野充满这类美丽的飞鸟，我对它们全部都很熟悉，但不知道它们的专有名称。我母亲曾经告诉我最普通的鸟类的名称，那是我认识它们的唯一途径。我当然对每种鸟都有叫法。鸸，我叫旋木雀；林鹄，我叫褐朱顶雀；扑动䴕，我叫提琴手。响尾蛇在长长的草丛里的营营声要求我赤脚爬上木头逃避，这是自发的，我称呼鸟类也是这样。

5. 什么鸟在春天首先产卵?

在南安大略这里，雕鸮是我所知首先在树上营巢准备产卵的，角百灵是首先在地上营巢准备产卵的。关于后者我曾看见幼鸟在四月三日能飞起来。

6. 什么鸟长得最快?

山齿鹑是我所知成长最快的鸟。要是没有干扰，它们长得比英国家雀快一倍多。山齿鹑一年产两窝雏鸟，但经常也会是三窝。我知道一对山齿鹑在头两窝养育了三十八只幼鸟。这是十月十日一只雄鸟照看的，与此同时，雌鸟则照看一窝我无法计算的幼雏。

这种马铃薯甲虫的消灭者有何等不利的生存条件啊！它终年接触各种各样的敌人，尤其在十二月、一月和二月这段时期，大自然穿上白色的长袍（鹑不能改变颜色），而英国家雀，也就是“飞贼”，有预备好的洞穴，里面铺有羽毛，在白天只需外出一两小时觅食。

7. 最吸引鸟类的树木和灌木是哪些？

这主要取决于你的土壤适合种什么树木和藤本植物。我这里的土壤是黏壤土，头等的玉米地。我种桑和接骨木，野葡萄和柏树，某种漆树属植物，它长得相当好，当然，这类树在沙土上栽种更好。

我不知道有什么能跟桑树相提并论。我有许多树龄只有五年的桑树，难以相信一棵树能产出的鸟食的总和。桑葚在六月十五日左右开始成熟，持续整个果实成熟的季节有六至十个星期。

柏树是另一种我们必不可少的树，因为它既遮阳又提供鸟食；浆果，像野葡萄，整个冬天都挂着不掉下来。

只要在气候允许的地方，要用一切方法栽种花楸，在北安大略它一串串大的果实挂在枝头，我觉得比底特律的伍尔沃斯百货公司和通用汽车公司的办公大楼都更美。在秋天和冬天的几个月，当我们深夜猎麋鹿归来又冷又饿又累时，面对以它们为食的千百只鸟儿，它会是何等漂亮，你们只能去想象了。

但是我觉得两种特别不错的树木是桑树和野葡萄，桑葚是夏天的浆果，野葡萄则是鸟儿冬天的粮食。

8. 我怎么能在冬天使鸟儿到我的窗前来?

做两个钉在圆棍顶端上可移动的自助餐托盘，里面放些砸碎的坚果，一点点板油等等。

回到灌木林，固定你的饲食架，相隔一至两杆。一等你有好大一群鸟儿飞来，就不断把饲食架挪向你的房子，每次可以轮流放一个在另一个的前面。

9. 普通鸟类需多久孵化出来并能飞翔?

知更鸟孵卵期为十三至十四天，约两星期后能飞翔。但是野鸟不像家禽。假如后者离巢，或者在外一宿不归，那窝幼鸟大约必然死亡。但假如一只知更鸟受到干扰，比方说，一次离巢六至八小时，幼鸟还是能挺顺利地孵出。我知道这类情况，幼鸟直至第十五天才孵出来。

有一次我让一只母鸡孵九只野鸭蛋。它开始孵得挺好，坚持了两星期。后来它改变主意，所以我换了母鸡。但第二只也差不多。于是我把蛋拿到第三只母鸡处继续孵。它在第三十二天完成任务，九只蛋中七只孵出了小鸭，但都很孱弱。不过我想法把其中五只饲养成熟了。野鸭蛋需孵二十八天。

褐斑翅雀鹀大约是我所知孵化最快的鸟了。有一年的六月十六日一只母鹀开始在一棵小柏树上筑巢，离它另一窝四只幼雏有一杆远，这四只小家伙还在巢中由它的配偶照顾。十七日正午它的新巢筑成，里面有一只卵。七月一日下午三点全部四只卵已孵化出来，七月十一日四只幼鸟从巢内飞出，飞往别的树上了。

哀鸽一次只下两只蛋，但是它们繁殖挺快，每年要产四至五对幼鸟，我从未见过三只卵在哀鸽巢内，常常只见到一只，但这种情况是因为有某只盗窝鸟窃走了另一只。有一年的六月二十三日，两只幼鸽从巢中飞出，二十五日和二十六日母鸽又在同一巢中产下两只卵。八月九日两只幼鸽孵化出来，二十二日都飞走了。那个春天来得非常迟，但是就在离我的房子很近的一个巢内，四月十九日有两只比麻雀大的幼鸽飞出，亲鸽继续产卵直到九月。我给幼鸽套上标记环，但只得到其中一只在佐治亚州遭到猎杀的消息，去年冬天有几只鸽子在这里过冬。

我也给数十只幼知更鸟套过标记环，但后来只得到一只在密苏里遭到猎杀的消息。

但在鸟类得到和平对待和保护的地方你可以放心，一切能回归的鸟，包括从鹪鹩到加拿大雁的所有物种均可得到优厚的待遇。

10. 按大小衡量，什么鸟产的卵最大？

据我所知鸟类中以喧鸻和矶鹬产的卵最大。[1]

11. 按大小比例看，最强有力的鸟是什么鸟？

叫鸮[2]。我知道有一只叫鸮，其重量明显不到四盎司，却杀死了一只重达六磅多的家禽，此鸮在夜晚飞落在那只母鸡的头上，首先把它的眼珠啄出，最后把它杀死。

---

① 这可能只限于北美。

② 即长耳鸮。

12. 你说剪去飞羽是什么意思？

“剪去”指单纯剪短鸟儿翅膀的羽毛以防止其飞走，但“割断”指从第一个关节起把翅膀割断，连骨头在内。这通常是在幼鸟翅膀未发达时做的手术。用一根尖利的针和一根线绑扎两条动脉，然后用剪刀把翼剪掉。但要记住，手术一旦完成，这只鸟儿就再也不能飞了，因为翅膀犹如你手指上的拇指，是不能再长出来的。

假如对一只鸟儿的翅膀稍加剪断，在它身体肥重时也许不能飞，不过这同一只鸟可能变瘦，在刮风的日子则可以飞起来，可以在空中相当不错地往前飞行。

对某些人来说这种手术显得残酷，然而在鸟儿尚幼、不能飞翔之前，它们的翼翅是没有感觉的，它们根本不理会这种手术。要是把飞鸟圈禁起来饲养，做这种手术是合适的。

但记住，在灌木林中的一只鸟值手中的十只，所以别指望圈养比放养好，只要我们能避免就不要圈禁它们。

13. 鸟能活多久？

这当然多半取决于品种。大雁肯定能活到人一样的年纪。我有两对剪断翅膀而由人饲养的大雁：其中三只原来是野生的，但汤姆·约翰生（杰克·约翰生之子）是一九〇七年五月十七日在此地孵化出生的。它在一九一一年跟一只一九〇九年剪掉翅梢的雌雁成双飞走了。老大卫和它的情侣都是在一九一一年剪掉翅梢的。所以你看到这四只雁当中最小的至少是十三岁了，而它们来到此地时不会小于一岁，但我有绝对的证据说明汤姆·约翰生现在已过了十六岁。这些宠物雁里面没有一只表现出年老体衰的迹象。事实上它们跟它们的家属在房子附近玩乐嬉戏，仿佛它们是这一群中最大的少男少女。

野鸭可以活过十五岁。老苏珊，麦尔伯里一家里面最大的，是一九〇九年五月在这里出生的。直到今年为止它每季度要产一个子女，但我注意到最近两个冬天对它的影响很大，事实上，现今每次我去看它们时，觉得它好像希望我给它一根拐杖帮助它上堤岸。另一个有关的事实是，一九二一年它产了七只卵，孵出六只，其中五只是雄的；去年它少生了一只，只产了六只卵，全部孵出，但非常孱弱，一只没出窝就死了，另外五只活到能迁徙，不过全是雄鸭。因此老苏珊所产十一只鸭当中有十只是雄的。

另一只在一九〇五年孵出的老黑鸭则被一只雕鸮在一九一八年一月杀害，它被害时肥硕健康。我逮着了那只鸮。

一只绿头公鸭于一九〇七年来到这里。一只翅膀被打成了重伤，所以我把它割断了。这只鸭子于一九一七年死去。

但不管怎样，它们首先是在冬天露出衰弱的迹象，因此我觉得，假如它们的双翼能使用，能迁徙到气候温暖的地方，野鸭可以活十五年，也可能活二十年。

不过，我认为这是一个我们猎人一点儿也无须担心的问题，因为我确信我们的猎物当中不到百分之一是老死的。在我套上标记环的四百四十只野鸭中，据我所知，只有三只活到六年，百分之七十五的标记环在不到三年之内都归还了。

14. 我如何建燕舍?

几乎可以根据要求把燕舍盖成任何样式，比方说，一幢你自己的住宅微缩的样子：假定你的房子是三十平方英尺，那么以英寸的比例造你的鸟舍，也就是三十平方英寸，或假如想造得更小，也可以把比例减为半英寸。

燕舍的房间不应小于六平方英寸，也不应大于八平方英寸，门应与地板齐平，跟我们的住房一样，门阶或阳台低于地板或门半英寸。门应为一至一英寸半宽，按要求任何样式均可。

油漆以白色最佳，按照你的趣味将之修饰整洁。

为了架起燕舍，首先放置两根普通的栅栏杆，相隔约四至六英寸，四英尺插入地下，四英尺露出地面。然后把燕舍柱放在两根杆子之间，支柱离地约三英寸，柱与杆均钻一个半英寸的眼，一个眼离杆顶约三英寸，另一个眼离地约六英寸，一根闩子可以穿过这三个眼，这使柱高而干燥。如果你想清扫，或秋天上漆，可抽掉上面或下面的闩子，这使你把鸟舍升高或降低都挺容易。如中断工作，就把门堵死，不让“飞贼”进去。

别以为造一座燕舍是挺难的事，那不过是愉快的消遣。

若干年前我偶然住在安大略省的布兰特福德，当地打来一个电话请我去盲童学校给学生做一次有关鸟的报告。我考虑后做出同意的答复。是的，我可以向你保证，像这些亲爱的孩子认真地听我讲话一样，我也认真地听他们讲话，有几个聪明的少年告诉我他们在什么地方如何“看到”不同的东西。在结束时，有人提议对我表示感谢。附议者是一个约十五六岁的少年，他说了几句使我永远难忘的话。他说：“我很高兴赞成这个动议，但我还想说，亲爱的杰克·迈纳尔叔叔，虽然我们从没有见过太阳，但我们并不是盲人。我们能清楚地看见你刚才告诉我们的一切。人们常讲夜是黑暗的，对我们来说没有黑暗。一切都是光明。”

几个月后孩子们寄给我一张由他们亲手修建的燕舍的照片。

今年六月，我访问了圣劳伦斯河加拿大这边的几座小城。我特别注意一些美丽的小型公园，公园内受到维护的整洁的道路等等。真的，投入五十元修建一座整齐美观的燕舍等于增加几千元修建这些包括庭园在内的迷人景点，因为我一生从未在别处看到有比这些古色古香的加拿大小城更多的紫毛脚燕，但却没有一座燕舍。这些毛脚燕好像是在某些古建筑物的屋檐水槽和檐口营巢。

15.鸟飞得有多快?

这是一个难于回答和证实的问题，而且言人人殊。我听人说过，大雁以每小时一百二十英里的速度迁徙。这可能是正确的，但我没有理由完全相信。

我的住宅在湖的北面三英里。大雁飞往湖滨栖息，早晨它们飞得挺高，当它们到达湖岸时，那里总有人用火力强大的步枪迎接它们。在静悄悄的早晨，子弹的射击分秒不差地告诉你大雁到达湖滨的时间，然后它们从湖滨原路折回，每次需要三分多钟才到达我家。

不仅如此，如果它们飞往哈得孙湾，我在它们之前曾经反复发出电报，有不同的三次得到回电，如果是同一雁群，它们的飞行速度是每小时五十英里至六十英里。

飞行员里肯巴克上尉告诉我他在空中追过大雁，它们要达到每小时一百英里的速度的唯一办法是下降，它们用这个办法来避开上尉。

在我们这里套上标记环的一只大雁三天后在哈得孙湾被猎杀，另一只，四天后在哈得孙湾的贝尔彻群岛遭猎杀，这并不证明什么，因为我们没有证据表明这些雁于套上标记环后在各处逗留多久才被猎杀。但有一件事情我是有相当把握的：它们当中大部分从我家飞往哈得孙湾途中并未落地休息，所以我坚决认为它们大概每小时飞行约十五英里，而不是像某篇报道所说的每分钟二英里。

16. 旅鸽的情况如何?

这种鸟大小大约是哀鸽的两倍，在外貌、生活方式、习惯上差不多一模一样，哀鸽堪称是一种袖珍旅鸽。

在十九世纪七十年代早期，这种鸽多得数不清，在俄亥俄州迁徙时，可以说像云一般。我们在一八七八年移居加拿大，自此以后我肯定没有看到过五百只。

有人提出这种理论，说是一场暴风雨把它们通通刮进了湖中。什么话，真要命，在北美可没有一个湖能通通容纳它们。

我坚决相信它们是被一种传染病灭绝的。

我打到最后三只旅鸽的时间是一八八四年秋天。那年我十九岁，它们的样子我记得挺清楚。那几只鸟都是病鸟，体态不超过健康旅鸽身体大小的三分之二，我把它们带回家，但母亲说它们不宜喂食。

在加拿大北部，雪兔或本地兔每过七八年左右，繁衍的数量就会很大，而一旦一种疾病蔓延开去，一百只里面的九十九只——是的，我可以说一千只里面的九百九十九只——会一个个死去。我曾看见沼泽地里的许许多多枯骨，三个星期后我去打猎，只见到两只兔子的足迹。这同一种传染病限制了加拿大本地兔子的数量，它们平均每七八年就要遭遇一次，这可以回溯到人类知道它们存在的时候。

这对旅鸽的灭绝是不是一个正确的解释我没有把握，我注意到有关它们灭绝的警告。根据浴缸的原理我修建了我的人工湖，在最近几个夏季月份内我放干了湖水，让湖干涸，然后我在湖底密植小麦和裸麦，使土壤净化。太阳和地里的收成能净化土壤，跟循环流通能净化水是同样的道理。将排水管封闭，当秋雨降临，泉水上涨，从人工湖到泉水间的地下水道会灌溉全部土壤，把人工湖底为鸟儿准备的绿色食品保留到它们飞来，只要流水始终冰凉，这些绿色食品将保持新鲜不腐。

17. 您的家在加拿大何处？在那里你养殖什么？

我的家在安大略省金斯维尔以北二英里。金斯维尔是一个整洁美丽的小地方，位于伊利湖北岸，俄亥俄州桑杜斯基的正北，密歇根州底特律东南二十英里处，人口约两千，有三座许多人参加礼拜的教堂，两家一流的旅馆。

顺便提一提，金斯维尔是加拿大联邦最南端的城市。

现今我们几乎可以在此培育任何东西，从旗杆到激昂慷慨的政治争论，但我们的主要收成是玉米。我们用它喂猪，用船运它们去卖，像它们跑去一样，然后我们拿卖猪的钱存入银行，用以购买土地，种更多的玉米，养更多的猪，等等。

第三十四章·
运动员精神

* 本书如果未能向你介绍一点从根本上奠定我有意思的生活基础的材料，那将是一个缺憾。

*

如我现在理解的，在运动与运动员之间存在着一个极大的差异。运动，我想谈得越少越好，但运动员这个词则含有多方面的意义：首先它意味着为他人与自我牺牲，因为作为一个真正的运动员，你不可能是孤立的。

当我还是个八岁少年时，我跟我的一个哥哥和一个弟弟睡在一起，一天早晨我被父亲有力的手碰醒，他低声说："杰克，你想跟我一块儿去打野鸽吗？"一听这话我的光脚随即踩到了地板上。日出前后我和父亲已蜷伏在紧靠一株麦茬的一排旧篱笆下，鸽子则落在或试图落在我们射击范围内的两棵山核桃树上，这两棵树的顶梢已枯死。在它们准备盘旋时，父亲用双筒猎枪向它们射击，真的，霎时他对着鸽子弹如雨下。不久我的小猎袋和父亲的猎装口袋已经塞得放不下了，于是我们踏上归途，笑容满面，急于想到家告诉家人这一切。

父亲许诺我，在我这次打下的鸽子全部吃光后，他和我再去打。大约在第四天早晨，我们再度出发，但使我失望的是，父亲邀请了一个英国人同往，此人名叫托马斯·珀金斯。父亲称他为汤米。我们到达猎场时我从来没有那么反感，因为父亲偏偏要汤米藏在我们几天前的同一个掩蔽和射猎地，刚好在两棵山核桃树之间，他和我则走过田地，在一棵枯死的大榆树旁守望，前些天我们只不过见到少数几群鸽子在这里停落。你明白，鸽子在飞到麦花内觅食前先要落在树上。

有意思的事情很快开始。我说“有意思”，但我觉得这是明明白白叫人反感的事情，因为每一群飞来的鸽子都停落在那两棵山核桃树上，父亲几乎失去自制，对汤米打鸽子的方式忽而大笑，忽而暗笑。“你瞧，我有把握他只打下了八只。”

最后有一两群鸽子飞到我们这边来，父亲开了四枪，我们只打下十二只，我们这位老兄似乎没有注意我们这边这块地的情况，倒是为他的朋友的成绩而高兴。

汤米后来向我们挥手招呼，要我们过去，这两位好友碰头后，各自想要说比对方快。可是我呢，从光着的脚直到我的红发，我浑身气愤，我的小猎袋连半袋也没装满！不管怎么说，我帮他们拾起鸽子很快上路回家。但我们每逢遇到有栅栏的人家，这天早晨进行打猎表演的两位英国运动员都要重复排演一遍。当我们走到分手的十字路口，汤米伸手紧握着我父亲的手，热情友好，还一边说：“约翰，我要打心底谢谢你。这是一次我从没有遇到过的最好的猎鸽。”然后在他转身离去时，他突然停下来说：“啊，真的，我不想把超过半打的鸽子带走，你儿女众多。得啦，杰克，把它们放你的袋子里去吧。”说完，这好人当真把一大堆鸽子给了我。

那天早晨的狩猎并没有到此为止，其后四十五年，我开心地听父亲不时重复着看到汤米把鸽子打下来的那种乐趣。这样，这件事使我认识到，若一个人邀请另一个人去打猎，他便是你的客人，你的客人越高兴，你的邀请越成功。

现在我已经是身高五尺十寸，体重约一百八十五磅的成年人了，但是我明确了这一点：任何运动员要是当时比我心地更宽厚，他会度过一段比我更快乐的时光。

另一方面，就北美的荒野狩猎这种特权来说，这个世界却没有比我更得到宽待、更快乐的人了，同时我认为这个世界上也没有更好的方法比在远行打猎的环境下更能发现你是个什么样的人。

在我和特德哥偶然生死隔绝后，我很少再想重返荒野了，但一批朋友来找我，坚持要我和他们同行。结果，我跟着组织起来的一小队人去了，我认为自己是一位特邀的客人，因为他们允许我做任何我觉得合适的事情，他们甚至提水、锯木头，让我劈开而已，因为我明白斧头最好使。至少可以说，这是我们最快乐的远足时光之一，好心的愿望、丰盛的食品、大量的猎物、急于回家的要求。

在我们到家、跟自己的亲人们安定下来后，一天晚上，响起了一下敲门声，门上的把手一转，这个时候不是打猎团的亲爱的老伙伴又会有谁呢？他们送来的、堆在地上的不是麋鹿肉而是牡蛎，他们的出现使我吃了一惊。但是更使我吃惊的是，在餐桌旁其中一位起立，称我为他们的领袖，朗读出下面的祝词：

我们亲爱的威力无比的领袖：

这次，完全可能，是我们魁北克狩猎团一九〇一年的最后一次聚会。假如我们得到许可，明年再去魁北克的荒野，在我们的伙伴中可能会有一些变化——有新的成员加入，目前的有些成员则无法跟我们同行了。

我们的领袖，我们愿向您表示您应得的感谢，由于您在这次狩猎之行中对我们全体所表现的亲切态度，我们请您接受这份礼物，作为我们感激之情的纪念品。我们知道我们不可能有一位对我们的舒适与愉快更为关切的领袖了。

正是怀着这种感激之情，我们记住了，在您的评断中，每个人跟别人是平等的，粗率的语言没有容身之地。当星期天又到来的时候，绝不会有枪鸣放，“家，甜蜜的家”的颂歌会唱起来，由我们全体共享。

在未来的多年内你也许得到批准带领狩猎团进入魁北克，这是我们真诚的愿望。

莱奥纳德·马洛特

詹姆士·多昂

威斯利·乌尔契

埃利赫·斯克拉奇第二

实际上直到那个时刻，我都没有想到他们把我看作他们的领袖。这篇祝词中的文字使我的起居室显得美好充实，我简直无法致以答词。但我的思绪转回到了一八七三年九月那个早晨：如果这篇祝词应有一个安身之地，就该镌刻在那两位可亲的老人的墓碑上，他们好久之前，就在那次小小的猎鸽之行中，为我树立了这样一个富有优良运动员精神的、懂得自我牺牲的榜样。

第三十五章·
帮助自然界

* 过去一年中我谈到许多报刊文章以及给我的来信，其中讨论“自然的平衡”问题时，就人这方面的举措或制度加以谴责，这些作者把这类问题描述为“干预自然”“破坏自然平衡”等等。对所有采取这种态度的人们，我想公开表明自己的观点，大致是，我个人认为所谓“自然平衡”完全在于人，同时我还认为帮助自然有益于人类。上帝创造了一切——样样“东西”——然后“按自己的形象创造了人，让他统治一切”，这照我的理解，也就是处理地上万物的能力和权威。

*

举例而言，看看动物世界吧，比如，农民场院的家畜。上帝是不是创造了泽西种牛[①]、霍尔斯坦种牛[②]、赫里福特种牛[③]呢？没有，他给予人类家畜的原种，然后通过人的实验，培养出许多变种，有的牛乳中奶油含量高，有的牛乳产量最

① 原产英国泽西岛的高含脂量母牛。

② 原产荷兰北部的产乳量高的黑白色奶牛。

③ 英国赫里福特产体红脸白肉用牛。

大，有的是最好的肉用牛。当然，这些都已在全世界出现多年了，但它们的不同是人类培养的结果。请别忘记，人类为了培育它们必须对自然进行干预。

对马，也是完全如此，为了特殊用途培养出不同的品种，如克莱兹代尔[①]和珀切农[②]作挽重负用，原产阿拉伯的纯血种后裔则作赛马用。

最近我去了美国南方，这里原来要干的农活太重，普通的驴子不堪重负，可是天气又太热，马不能发挥全力。在大陆的这一部分人用驴和普通的马交配，产生一个新品种，既耐炎热又壮实到可以翻土。不错，产生了骡。但骡有尥蹶子的习惯，就我所知，没有进一步发展。

在家禽方面，假如你对许多物种加以追溯，极易看到的是人把不同品种的良种鸡培育出来——莱亨[③]，勃立玛[④]，密诺卡斯[⑤]，普利茅斯洛克[⑥]等等尤为可贵，其中有些用来产蛋，其他肉用。我们非常宝贵的火鸡恰恰是驯化和改良的。

七十五年前，我们加拿大的西北部是数百万头野牛吃草的地方。然后出现白人，他们认识到这块沃土的价值，建立

---

① 原产苏格兰。

② 原产法国。

③ 原产意大利，以产蛋著称。

④ 原产印度，以体大著称。

⑤ 原产西班牙，蛋用鸡。

⑥ 美国产，蛋肉兼用鸡。

一个公园，保留一批，以免这个物种灭绝，剩下四处游荡的牛群则大量屠杀，把土地翻耕，使这里成为地球上最大和最有价值的产麦区之一。在这片广袤的土地上，城市和乡村拔地而起，政府的办公大楼星罗棋布。请别忘记，为了创造这些，人不得不“干预自然”，正如有些人所称呼的那样。

谈到麦田，几百年来小麦一直是人类最喜爱的粮食之一。它是加拿大比较晚近才栽培的作物，也有一些弱点——它在秋天种植，总是不能挺过西部的严寒，它的产量不丰，似乎达不到需要的程度，它来不及迅速成熟以躲开秋天的早霜。于是像查尔斯·桑德斯教授这样的人来给我们帮忙，他是渥太华的谷物学家，经过研究、实验和严格选种，他培育出一种可以在春天栽种的小麦，每亩比以前的常规产量增加若干蒲式耳，它在一定的时期成熟，但保留过去小麦的所有优点。我们今天有马尔圭斯、加尔内特和其他小麦良种，这都是人培育的。上帝创造了原种、胚芽，但人由上帝授予力量，并且已经利用这种能力发展，管理，控制其他生物。

如果你考虑你的花园，看看鸢尾这种花吧，它生在溪边，我们通常叫它菖蒲。人们从它培育出好多品种的鸢尾花，可长到三英尺至四英尺，色彩缤纷，有的散发出优雅的香气。但人类得进行干预才能做到。再拿玫瑰为例吧，上帝是不是创造了美洲美人这种玫瑰呢？没有。他给人智慧和一种瘦小的野玫瑰，可以说，那是作为胚芽的。今天，通过卓越的植物学家的努力，人类已经有了种种又美又香的玫瑰。

但是让我们看看问题的另一面吧。在上帝创造了瘦小的野玫瑰的同时，他也创造了杂草。典型的是加拿大蓟。他依然还是给人智慧和控制杂草的办法，这样就可以限制它们主宰整个植物世界。

在你的果园内有许多品种的水果，是不是上帝创造了斯塔克美味苹果、冬熟苹果和其他品种的苹果呢？没有。他给人类小小的林檎和山楂，那可说是小种苹果和胚芽，人类从它们培育出我们今天的苹果。可是按某些人的说法，要是你消灭掉啃咬这些成长期幼树的鼠类，那就“干预和破坏了自然的平衡”。

假如你饲养家禽或其他鸟类，鹰隼等猛禽就要开始摧残它们，以之为食。你未能拿起枪打鹰，那么你就没有使用你的智慧。

要是你的衣服生满害虫，或者你的住宅有了啮齿动物，你会除灭骚扰你的这类害虫或害兽。可是（如果那些人坚持这个论点），他们会不得不认为，自上帝创造万物以来，你这么办是破坏了自然平衡。对携带伤寒菌的苍蝇又如何呢？你是去控制它还是不去干扰“自然生态”，让它活着呢？我个人对上帝给人类“统治一切”的权力感到高兴。

说实话，你一旦受到感触而提出这个问题：人若没有帮助自然，那我们的动物界，我们的农庄、果园和花园，我们的整个世界会成为什么样子呢？在白人发现这个新大陆那一刻开始，他登岸砍伐第一棵树，把北美开辟成千百万人的花园，按某些人的意见，那人类也是打乱了自然的平衡。

至于我，我感谢上帝创造的一切——感谢他创造的，给予我们用于劳动的原料；感谢他按自己的模样和形象，创造了我们人类，赐予我们充分的智慧发展的这些原料，不断发现和把他创造的一切美好的东西引进到我们力所能及的范围之内。为了阐明我的意思，请允许我引用薏妲·M.托马斯的下面这首诗：

造　园

人类耕犁，栽植，挖土，除草，他用锄头与铁锹劳动，
上帝送来阳光、雨水、空气，让我们营造了一个园林。

翻耕土地，把板结的泥土翻过来的人准觉自豪，
跟上帝成为伙伴一同劳作，这事情多么奇妙。

译后记

近年来，我们与加拿大的关系日渐密切，去加拿大的移民日益增加，可是我们对加拿大的文化依然知之不多。多年来我一直想向读者介绍一点加拿大文学，感谢在加拿大的我的学生王坤，她给我寄来杰克·迈纳尔写的这本书，使我终于有了实现这个夙愿的机会。

原作者迈纳尔（1865—1944）是加拿大的博物学家[①]、鸟类学家、自然保护工作者。他生于美国的俄亥俄州，父母是英国的移民，一八七八年他随家庭移民加拿大。从他的自叙看，由于家境并不富裕，他没有受过系统的学校教育，从少年时代起就帮助父亲劳动，一度以打猎为生。一八九八年

① Naturalist现在也有人译为自然学家。

在一次偶然事故中，哥哥特德因朋友的猎枪走火而死亡，这给他很大的刺激，他放弃了以狩猎为职业而转向鸟类保护，并信仰宗教。一九〇四年，他在他的家乡加拿大安大略省的金斯维尔建立起一个鸟类保护区。经他苦心经营，金斯维尔成为北美知名的野生鸟类的繁衍地之一，每年有成千上万慕名而来的参观者。一九二三年，他发表了记叙他半生从事鸟类保护工作的自传《杰克·迈纳尔与飞鸟》（即本书）。一九三一年，他和朋友创建杰克·迈纳尔候鸟基金会。他逝世后基金会出版了他的遗著《大雁杰克》（一九六九年）。

加拿大是一个以出色的保护自然环境工作知名的国家，作者在本书中记叙了他建立金斯维尔鸟类保护区的过程，包括一些技术的细节，如建立燕舍，捕捉杀害小鸟的猛禽与黄鼬，诱获大雁，给它们套环，饲养环颈雉、山齿鹑等等，为我们提供了许多可资参考的实用技术。不是让这些野生鸟类自生自灭，而是有意识地去保护它们，这对我国的野生动物保护工作者和爱鸟者都是有益的。

全书的重点是写大雁和野鸭这两种候鸟的几章，从营巢、交配、产卵、孵化、驯养，以至套环、迁徙等过程都有详细的记载，这不但是作者创造性的经验，也是极其有价值的科学实验记录。比如现在已搞清楚的它们的迁徙路线，它们营巢与交配的方式，大雁对自己的配偶与子女的亲情，它们勇于挺身保卫同类的天性等等（《野鸭短暂的亲情与爱情》《加拿大雁》），并提出一些有趣的、有待科学进一步研究的问题，如跟野鸭不同，为什么大雁的配偶是终生的，它们又如何确认未经亲自孵育的雏雁等等。这些候鸟的生态描述都是可读性极强的散文，为我们提供了知识性的亮点（《鸟儿有嗅觉吗？》《鸟儿回旧巢吗？》），尤其是作者的一些感悟，如某些候鸟在受伤后甚至挣扎到作者的住宅附近寻求医疗（《我们的模范加拿大雁》），这种不寻常的现象证明人类和鸟类完全可以建立亲切的人道的关系，它们的灵性远远超出一般人的了解。作者还用了一定的篇幅记叙鸟类的天敌，尤其是人类残害它们的问题。在自然淘汰中弱肉强食是不可避免的，但人为的猎杀也是残忍的，又是可以避免的。有的候鸟的生命据作者所知最长也不过七年，这使我们知道人类猎杀野生动物数量之多。

根据书中所记载的有关候鸟每年迁徙的日期，可以看到这些记录的严密性，可以说作者是一位严谨的科学家。但我想，使普通读者最感兴趣的是对鸟和人的关系的描述，他的许多鸟的故事都给主人公以人的名称，它们的遭遇也就拟人化了，成为一个又一个故事的主人公，它们的英勇使我们赞赏，它们的悲剧使我们动情（《我那最后的、出色的宠物鸭家族》《杰克·约翰生的经历》）。

跟我译过的同类自然文学作品比较，本书在语言上不是最优美的，但仍有它独特的吸引读者的东西。作者不是一个文学家，尤其不是一个文体家，他对自然的描写偏重于纪实而不是欣赏。他一度是以一个猎人的眼光去看大自然中的生物的，对他来说，它们只是一种猎物，可供美餐，也有经济价值，但他后来渐渐认识到鸟类的可爱，这使他的自然观有了根本的转变，结合宗教尊重生命的观点，他从猎人转变为自然保护者，这个过程以及其间发生的故事不但对广大读者具有积极的教育意义，也使人读来兴趣盎然，这完全弥补了他文字上的质朴，那些对少年时代的回忆（《我们忠实的猎狗们》《打野鸭》《运动员精神》）渗透着一种抒情的怀旧感，是加拿大文学中优秀的散文。

我们爱护鸟类是完全可以做到的，首先是要有爱心，从儿童时代起就要培养这种素质，其次则是要有耐心，在《迁徙的路线》一章中作者写道：

> 如果有一天在这个珍贵和古老的地球上，人对待空中的飞鸟和地上的走兽，人对待人，家庭对待家庭，国家对待国家，消灭了邪恶的、报复性的争斗，那就是通过这种同样可贵的爱心和教育。因为像强制性的、刺刀尖上的野蛮手段总是会造成鲜血染红大地的状况。

作者的这种理想主义的观点是他从保护鸟类得到的人生感悟的总结。

二十世纪八十年代，美国文学界提出了自然文学的概念和理论，它的创作和研究都在发展和深入，但自然文学不限于美国，而是世界性的，和美国文学关系密切的加拿大文学当然更属于其中的一部分。《杰克·迈纳尔与飞鸟》融纪实报告、科普、传记等因素于一体，它对每个年龄段的读者都具有共同的趣味性和教育意义，我希望不同的读者都能从中找到他喜爱的东西。